Michael Plomer

Flüssigkeitsmechanik in den Life Sciences

Eine Anleitung für das Physikpraktikum: Grundlagen und Versuchsdurchführung zu Diffusion und Osmose

Michael Plomer

FLÜSSIGKEITSMECHANIK IN DEN LIFE SCIENCES

Eine Anleitung für das Physikpraktikum:
Grundlagen und Versuchsdurchführung
zu Diffusion und Osmose

ibidem-Verlag
Stuttgart

Bibliografische Information der Deutschen Nationalbibliothek
Die Deutsche Nationalbibliothek verzeichnet diese Publikation in der Deutschen Nationalbibliografie; detaillierte bibliografische Daten sind im Internet über http://dnb.d-nb.de abrufbar.

Bibliographic information published by the Deutsche Nationalbibliothek
Die Deutsche Nationalbibliothek lists this publication in the Deutsche Nationalbibliografie; detailed bibliographic data are available in the Internet at http://dnb.d-nb.de.

∞

Gedruckt auf alterungsbeständigem, säurefreien Papier
Printed on acid-free paper

ISBN-13: 978-3-8382-0177-1

Printed in Germany

Inhaltsverzeichnis

1. Einleitung **1**

2. Neue Anleitung **5**

2.1. Flüssigkeiten 5
2.2. Physikalische Grundlagen 8
2.2.1. Mikroskopisches Bild von Flüssigkeiten 8
2.2.2. Viskosität 10
2.2.3. Stokessches Gesetz 13
2.2.4. Hagen-Poiseuillesches Gesetz 16
2.2.5. Oberflächenspannung 20
2.2.6. Diffusion 22
2.2.7. Osmose 24
2.3. Technische Grundlagen 27
2.3.1. Kugelfallviskosimeter 27
2.3.2. Kapillarviskosimeter 29
2.3.3. Abreißmethode 30
2.3.4. Osmometer 31
2.4. Versuchsdurchführung 32
2.4.1. Kugelfallviskosimeter 32
2.4.2. Kapillarviskosimeter 34

2.4.3. Messung der Oberflächenspannung 35
2.4.4. Osmometer 36
2.5. Auswertung 37
2.5.1. Kugelfallviskosimeter 37
2.5.2. Kapillarviskosimeter 38
2.5.3. Messung der Oberflächenspannung 38
2.5.4. Osmometer 38
2.6. Anhang 40
2.6.1. Datenblatt 40
2.6.2. Formelsammlung 41

3. Überarbeitung einer Praktikumsanleitung 43

3.1. Anforderungen an ein Praktikum 43
3.1.1. Aufbau und Struktur einer Anleitung 45
3.1.2. Inhaltliche Aspekte 47
3.1.3. Funktion von Sprache und Bildern 47
3.1.4. Formeln und mathematische Schreibweisen 49
3.2. Änderungen in der neuen Anleitung 50
3.2.1. Änderungen von Aufbau und Struktur 51
3.2.2. Inhaltliche Änderungen 54
3.2.3. Verwendung von Sprache und Bildern 61
3.2.4. Herleitung von Formeln 63

4. Entwicklung eines neuen Teilversuchs zur Osmose 67

4.1. Die Pfeffersche Zelle 68
4.1.1. Verschiedene Versuchsaufbauten 68
4.1.2. Testläufe mit den beiden Versuchsaufbauten 70
4.1.2.1. Theoretischer Hintergrund 70

4.1.2.2. Möglichkeiten der Auswertung 72
4.1.2.3. Auswertung der Versuchsreihen 74
4.1.3. Vorteile der verschiedenen Versuchsaufbauten . . . 77
4.2. Verfassen der entsprechenden Teile in der neuen Anleitung 78

5. Hinweise für den Betreuer **81**
5.1. Vorbemerkungen 82
5.2. Musterprotokoll 84
5.2.1. Kugelfallviskosimeter 84
5.2.2. Kapillarviskosimeter 85
5.2.3. Messung der Oberflächenspannung 86
5.2.4. Osmometer 86
5.3. Auswertung 87
5.3.1. Kugelfallviskosimeter 87
5.3.2. Kapillarviskosimeter 88
5.3.3. Messung der Oberflächenspannung 89
5.3.4. Osmometer 90
5.4. Ausblick und zukünftige Realisierung im Praktikum 93

6. Osmosekraftwerke **95**
6.1. Funktionsprinzip eines Osmosekraftwerkes 95
6.2. Aktueller Stand der Forschung 98

A. Messreihen **105**

B. Alte Anleitung zum Versuch M1 **123**

Kapitel 1. Einleitung

Mit Hilfe der Physik können viele Vorgänge in den Bereichen Biologie und Pharmazie erklärt und verstanden werden. Dafür benötigen Studierende dieser Fachrichtungen ein allgemeines physikalisches Grundwissen und vertiefte Kenntnisse in fachspezifisch relevanten Gebieten. Das im Physikunterricht an der Schule erworbene Wissen wird an der Universität in Vorlesungen und mit Lehrbüchern, die auf die Bedürfnisse und das Niveau von Studierenden im Nebenfach zugeschnitten sein sollten, ergänzt. Um einige dieser Bereiche zu vertiefen und Erfahrungen mit physikalischen Experimenten zu sammeln sieht die Studienordnung dieser Fachrichtungen häufig ein physikalisches Praktikum vor. Dies ist bei weitem nicht an allen Hochschulen und Universitäten üblich. Beispielsweise gibt es an der Rheinisch-Westfälischen Technischen Hochschule Aachen (RWTH) ein solches Praktikum erst seit dem Wintersemester 2003/2004. An dieser Neukonzeption war unter anderem Hartmut Borawski im Rahmen seines Promotionsvorhabens beteiligt [1].

Für die Konzeption einer Anleitung für die Versuche eines solchen Praktikums gibt es mehrere Möglichkeiten. Entweder wird die Physik in einem inhaltlich ausreichenden Theorieteil erklärt, oder es wird von den Studierenden erwartet, sich dieses Wissen mit Hilfe von ausgewählten Lehrbüchern selbst anzueignen. Ebenso ist eine Beschreibung der im Versuch verwendeten Geräte innerhalb der Anleitung nicht zwingend erforderlich, alternativ können auch die zugehörigen Handbücher in den Versuchsräumen ausgelegt werden. Bei der Versuchsbeschreibung wird zwischen offenen und geschlossenen Aufgabenstellungen unterschieden. Erstere gibt den Studierenden nur das Ziel eines Teilversuches vor und lässt den Versuchsaufbau und die einzelnen Schritte der Messung selbst erarbeiten. Zwar steht hier das eigenständige Arbeiten und das Sammeln von Erfahrungen im Vordergrund, jedoch ist der zeitliche Aufwand sehr groß. Aus diesem Grund wird z.B. am Department für Physik der LMU München den Studierenden eine kleinschrittige Versuchsanleitung an die Hand gegeben, durch die grobe Fehler vermieden werden und die Gefahr, Messgrößen zu vergessen, gesenkt wird.

Zurzeit wird das Physikpraktikum, das meist durch eine Experimentalphysikvorlesung ergänzt wird, sowohl für Studierende im Neben- als auch im Hauptfach an der LMU München in folgender Form angeboten: Jeder Gruppe, die aus maximal 20 Studierenden besteht, werden ein oder zwei Betreuern zugeteilt. Diese sind Mitarbeiter der physikalischen Institute, promovieren oder studieren vertieft Physik im Hauptstudium. Eine typische Praktikumsanleitung besteht aus einem für die Vorbereitung inhaltlich ausreichenden Theorieteil, einer kurzen Beschreibung der Versuchsaufbauten und der Funktionsweise der Geräte, sowie einer relativ ausführlichen Versuchsanleitung.

Zu Beginn eines vierstündigen Versuchstages sollen in der Regel zwei bis vier Studierende die Inhalte des aktuellen Versuches vorstellen. Ein Stichwortzettel gibt dabei die Eckpunkte vor und hilft, deren Leistung zu benoten. Danach führen die Studierenden in Zweiergruppen die Versuche durch, wobei über den Ablauf der Teilversuche ein Laborprotokoll zu schreiben ist, das alle notwendigen Daten enthalten muss, um nach Ende des Versuchstages die Messergebnisse auswerten zu können. Für das erfolgreiche Absolvieren des Praktikums müssen alle Versuche durchgeführt und die dazugehörigen Protokolle von den Betreuern korrigiert und nach eventuellen Verbesserungen testiert werden. Studierende im Nebenfach haben meist zum Ende des Praktikums eine abschließende Klausur zu schreiben.

Im Rahmen dieser Studie wurde die Anleitung zum Versuch M1 - Flüssigkeiten für Studierende der Biologie und Pharmazie überarbeitet und um einen neuen Teilversuch zum Themenbereich Diffusion/Osmose ergänzt. Diese neue Anleitung findet sich in Teil II.

2 Kapitel 2. Neue Anleitung

2.1. Flüssigkeiten

Motivation und Versuchsziele

Die Lehre des Fließ- und Verformungsverhaltens von Materie nennt man Rheologie. Für diesen Versuch werden Sie zunächst den mikroskopischen Aufbau von Flüssigkeiten rekapitulieren, um damit das Verhalten von Flüssigkeiten unter bestimmten Bedingungen erklären zu können. In diesem Zusammenhang werden Sie die Begriffe Viskosität, Volumenstromstärke, Oberflächenspannung, Diffusion und Osmose kennen lernen.

Die Viskosität η einer Flüssigkeit ist ein Maß für ihre Zähigkeit und hängt von den wirkenden Kräften zwischen den Molekülen ab. Bei der Sedimentationsanalyse heterogener Dispersionen kommt die Viskosität zum Tragen, denn die Flüssigkeitsmoleküle bremsen sinkende Objekte, abhängig von deren Beschaffenheit, unterschiedlich stark ab. Den Einfluss der Viskosität sieht man zudem bei der Geschwindigkeit einer strömenden Flüssigkeit. Der Volumenstrom I_V hängt von den geometrischen Eigenschaften der Umgebung, beispielsweise eines Rohres, ab. Die Konsequenzen von Gefäßverengungen auf den Blutkreislauf können mit dem Hagen-Poiseuilleschen Gesetz berechnet werden.

Die an der Grenzfläche Wasser-Luft auftretende Oberflächenspannung σ lässt Wasserläufer auf dem Wasser laufen, ist aber auch für Tropfenbildung verantwortlich. Durch sie sind alle Tropfen eines Medikaments annähernd gleich groß und ermöglichen so eine einfache Dosierung. Beim Abwaschen macht sich die hohe Oberflächenspannung von Wasser negativ bemerkbar, weshalb diese durch Zugabe von Spülmittel herabgesetzt wird.

Innerhalb einer ruhenden Flüssigkeit gleichen sich Temperatur- oder Konzentrationsunterschiede aufgrund der Brownschen Molekularbewegung mit der Zeit aus. Konzentrationsunterschiede sind beispielsweise für Nährstofftransporte, den Austausch von Sauerstoff in den Zellen und Stoffwechselprozesse verantwortlich. Wenn die Bewegung der Moleküle durch eine Membran, die nur gewisse Molekülarten passieren lässt, eingeschränkt wird, spricht man von Osmose. Wassertransport und Turgordruck in Pflanzen basieren auf diesem Vorgang. Auf dem gleichen Prinzip beruht auch das Verfahren der Dialyse, bei der Blut in der Niere oder im Krankenhaus von Harnstoffen gereinigt wird.

Analog zur Sedimentationsanalyse messen Sie in Teilversuch 1 die Sinkgeschwindigkeit einer Stahlkugel in Öl und bestimmen so dessen Viskosität. In Teilversuch 2 werden Sie die Viskosität von Wasser mit einem Kapillarviskosimeter durch Messen des Volumenstroms bestimmen. Dabei werden Sie sehen, inwieweit ein enges Rohr einen Widerstand für eine strömende Flüssigkeit darstellt. Die Abreißmethode in Teilversuch 3 ist ein Verfahren zur Bestimmung der Oberflächenspannung von Flüssigkeiten. Dabei wird eine Flüssigkeitslamelle vergrößert und die dazu nötige Kraft gemessen. Mit einem Osmometer wird in Teilversuch 4 der Diffusionsstrom aufgrund des osmotischen Druckes zwischen Wasser und einer

Glucoselösung gemessen.

Die Begriffe Stromstärke und Widerstand werden in der Elektrizitätslehre analog verwendet. Daher wird die Flüssigkeitsmechanik aufgrund ihrer Anschaulichkeit häufig als Erklärungsmodell für die Beschreibung von Stromkreisen herangezogen.

Teilversuche/Stichwortliste

1. Kugelfallviskosimeter
   Viskosität η. Auf eine sinkende Kugel wirkende Kräfte. Aufbau und Messgrößen beim Kugelfallviskosimeter. Temperaturabhängigkeit der Viskosität.

2. Kapillarviskosimeter
   Newtonsche und nichtnewtonsche Flüssigkeiten. Volumenstrom I_V. Hagen-Poiseuillesches Gesetz. Aufbau und Messgrößen beim Kapillarviskosimeter.

3. Abreißmethode
   Adhäsion, Kohäsion. Entstehung der Oberflächenspannung. Definition von σ. Abreißmethode zur Bestimmung von σ_{H_2O} und Messprinzip.

4. Osmometer
   Brownsche Molekularbewegung. Ficksches Gesetz. Semipermeable Membran. Osmotischer Druck. Aufbau und Messgrößen beim Osmometer.

2.2. Physikalische Grundlagen

2.2.1. Mikroskopisches Bild von Flüssigkeiten

Im Gegensatz zu Festkörpern bewegen sich die Moleküle einer Flüssigkeit oder eines Gases innerhalb ihres Volumens relativ frei und ungeordnet. Dies bezeichnet man als **Brownsche Molekularbewegung** oder **thermische Bewegung**, da die Geschwindigkeit der Bewegung der Temperatur der Flüssigkeit bzw. des Gases entspricht. Temperaturerhöhung führt zu einer Verstärkung der Brownschen Molekularbewegung. Gase füllen das vorhandene Volumen eines Behälters vollständig und gleichmäßig aus. Die Form und Oberfläche einer Flüssigkeit hingegen kann sich verändern, während ihr Gesamtvolumen V dasselbe bleibt.

Zwischen Flüssigkeitsmolekülen wirken elektrische Kräfte, die Moleküle in einem Teilchenverbund zusammenhalten. Die Reichweite dieser Kräfte ist sehr gering, so dass sie im Wesentlichen nur zwischen benachbarten Teilchen wirken. Man unterscheidet zwischen **Adhäsionskräften**, die zwischen den Flüssigkeitsmolekülen und den Molekülen eines angrenzenden Mediums auftreten und **Kohäsionskräften**, die untereinander zwischen den Molekülen einer Flüssigkeit herrschen.

Bei einem bestimmten Abstand r_0 zwischen den Molekülen befinden sich diese im Kräftegleichgewicht. Aufgrund der thermischen Bewegung bleiben sie allerdings nicht wie bei einem Festkörper an ihrem Platz, sondern bewegen sich innerhalb des Volumens. Vergrößert sich der Abstand zwischen zwei Molekülen, so ziehen sie sich an (Abb. 2.1).

Wenn ein Molekül bewegt wird, bewirkt der vergrößerte Abstand zu den Nachbarmolekülen eine resultierende rücktreibende Kraft F_{res}, die es in Richtung seines ursprünglichen Platzes zurückzieht (Abb. 2.2).

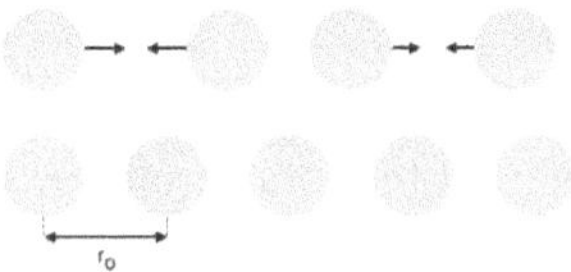

Abbildung 2.1.: Die anziehenden Kräfte zwischen Molekülen.

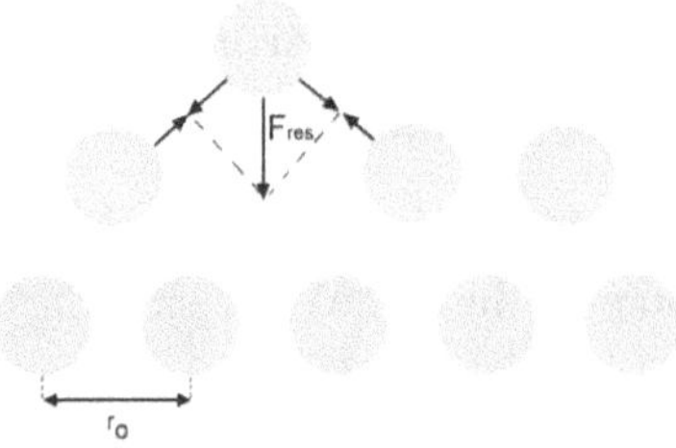

Abbildung 2.2.: Rücktreibende Kraft auf ein ausgelenktes Molekül.

Also versuchen alle Moleküle einer Flüssigkeit, den Abstand r_0 zu ihren Nachbarmolekülen einzunehmen, um sich mit ihnen im Kräftegleichgewicht zu befinden. Diese Kräfte sind der Grund für viele Eigenschaften einer Flüssigkeit. Sie treten als Reibungskraft auf, denn wenn sich ein Molekül bewegt, wird es von seinen Nachbarn abgebremst. Sie erschweren es, dass Moleküle die Oberfläche einer Flüssigkeit verlassen. Sollte die thermische Bewegung einzelner Moleküle zu groß sein, können diese hinaus diffundieren. Bei Gasen ist diese Bewegung deutlich größer, als dass die wirkenden Kräfte die Moleküle zusammenhalten könnten.

2.2.2. Viskosität

Diese Anziehungskräfte zwischen Flüssigkeitsmolekülen machen sich als innere Reibungskräfte bemerkbar: Sie bremsen die Molekülbewegungen bei einer strömenden Flüssigkeit ab. Um dieses Phänomen quantitativ modellieren zu können, teilt man die Flüssigkeit in einzelne sehr dünne Schichten auf, die parallel zur Bewegungsrichtung liegen. Diese gleiten in der Flüssigkeit aneinander reibend entlang. Wenn sie sich dabei gegenseitig nicht vermischen, spricht man von **laminarer Strömung**. Ansonsten handelt es sich um eine **turbulente Strömung**, für welche die folgenden Überlegungen nur eingeschränkt gültig sind.

Abb. 2.3 zeigt die Frontalansicht von drei Molekülschichten, die wie drei Platten nebeneinander liegen. Wenn sich die Schichten relativ zueinander nicht bewegen, tritt keine Reibung zwischen den Molekülen auf (Abb. 2.3a). Soll sich die mittlere Platte um Δv schneller als ihre Nachbarschichten bewegen, muss man mit einer Kraft F ziehen, deren Betrag der inneren Reibungskraft entspricht. Diese Kraft ist proportional zur Größe A der aneinander vorbeigleitenden Flächen. Daher ist die Relativgeschwindigkeit zwischen den Platten entscheidend. Je größer Δv pro Abstand Δx (Abb. 2.3b) ist, umso größer muss die Kraft F sein.

Damit lässt sich die Kraft F und damit die Größe der bremsenden Kraft durch folgenden Zusammenhang beschreiben:

$$F \propto A \frac{\Delta v}{\Delta x}.$$

Um das Proportionalitätszeichen $\propto$ durch ein Gleichheitszeichen ersetzen zu können, führt man eine dimensionsbehaftete Konstante, die soge-

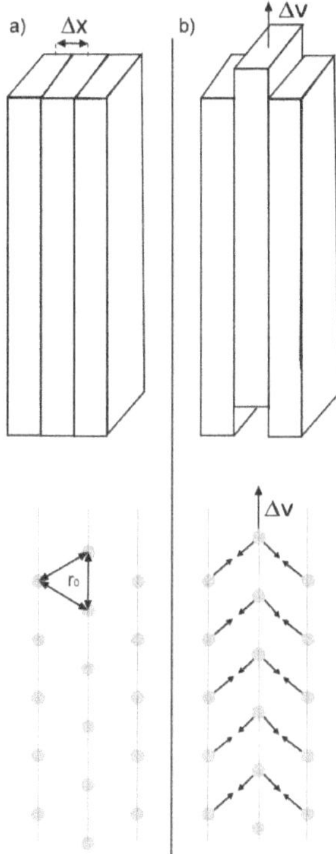

Abbildung 2.3.: Sich bewegende Molekülschicht und zwischen ihren beiden Nachbarschichten wirkende Kräfte.

nannte (dynamische) **Viskosität** η der Flüssigkeit, ein:

$$F = \eta A \frac{\Delta v}{\Delta x}. \tag{2.1}$$

Die Einheit $[\eta]$ dieser Konstante erhält man aus den restlichen Einheiten auf beiden Seiten der Gleichung:

$$\mathrm{N} = [\eta] \cdot \mathrm{m}^2 \cdot \frac{\mathrm{m/s}}{\mathrm{m}} = [\eta] \cdot \frac{\mathrm{m}^2}{\mathrm{s}}$$

$$\Rightarrow [\eta] = \mathrm{N} \cdot \frac{\mathrm{s}}{\mathrm{m}^2} = \frac{\mathrm{N}}{\mathrm{m}^2} \cdot \mathrm{s} = \mathrm{Pa} \cdot \mathrm{s}$$

Die Viskosität ist charakteristisch für die jeweilige Flüssigkeit und ein Maß für ihre Zähigkeit. Wenn η unabhängig von der Fließgeschwindigkeit v ist, spricht man von **Newtonschen Flüssigkeiten**. Die meisten reinen Flüssigkeiten sind Newtonsch, z.B. Wasser (im Versuch wird ausschließlich mit Newtonschen Flüssigkeiten gearbeitet). Aufgrund der thermischen Bewegung der Moleküle nimmt die Viskosität von Flüssigkeiten mit steigender Temperatur T stark ab.

Beispiele:
Honig oder Öl sind zähflüssiger als Wasser, aber dieses Verhältnis quantitativ anzugeben, fällt schwer. Und die wenigsten würden erwarten, dass, wie man aus den Teilversuchen 1 und 2 sehen wird, Öl um den Faktor 1000 viskoser als Wasser ist. Im Alltag erlebt man Unterschiede in der Zähigkeit beim Ausgießen von Flüssigkeiten, dem Ausdrücken von Tuben oder beim Fließen von Flüssigkeiten durch ein Rohr.

Glas wird oft für einen Festkörper gehalten, strukturell entspricht es aber einer Flüssigkeit mit sehr hoher Viskosität, da sich die für einen Festkörper notwendige Kristallstruktur nicht ausbildet (Die Viskosität von Kieselglas ist bei $400\,^\circ C$ *ca.* 10^{12}*-mal so groß wie die von Wasser bei* $20\,^\circ C$*). Die größten Linsen für Teleskope, die je gebaut wurden, haben circa einen Meter Durchmesser. Aufgrund der Schwerkraft beginnt eine so große Linse, sich fließend zu verformen und bildet deshalb nicht mehr* *richtig ab. Heutzutage verwendet man daher Spiegelteleskope.*

Beim Waschen mit Wasser macht sich die Temperaturabhängigkeit der Viskosität bemerkbar, da warmes Wasser dünnflüssiger und damit besser zum Abwaschen geeignet ist. Beim Starten eines Dieselmotors im Winter wird eine schwache Batterie es nicht schaffen, den Motor zur Selbstzündung zu bringen, da Diesel und Schmieröl bei Minusgraden um ein vielfaches zäher sind als im Sommer. Die Temperaturabhängigkeit machen sich auch Glasbläser zunutze: Sie erhitzen Glas und erniedrigen damit dessen Viskosität, um es leichter verformen zu können.

2.2.3. Stokessches Gesetz

Bewegt sich ein Körper in einer Flüssigkeit oder einem Gas, wird er durch Wechselwirkung mit den Molekülen des Mediums abgebremst. Bewegt sich eine kleine Kugel relativ langsam in einer Flüssigkeit, so entstehen wie bei laminarer Strömung keine Verwirbelungen. Dabei ist wichtig, dass die Flüssigkeit weit ausgedehnt ist, es also keine Beeinflussung durch die Gefäßwand gibt. Unter diesen Bedingungen liefert das **Stokessche Gesetz** eine gute Näherung für die Reibungskraft F_r, die auf eine Kugel mit dem Radius r ausgeübt wird, wenn sie sich mit der Geschwindigkeit v in einer Flüssigkeit mit der Viskosität η bewegt.

$$F_{\mathrm{r}} = 6\pi r \eta v \tag{2.2}$$

Wenn eine Kugel aufgrund der Schwerkraft in einer Flüssigkeit sinkt, wird sie durch die Auftriebskraft und die Stokessche Reibungskraft abgebremst und deshalb nicht beliebig schnell werden. Über die wirkenden Kräfte lässt sich die konstante Endgeschwindigkeit v, welche die Kugel nach einer Beschleunigungsphase erreicht, berechnen. Dabei ergibt sich die Masse aus Dichte und Volumen (K = Kugel, Fl = Flüssigkeit):

$$m = V \cdot \rho = \frac{4}{3}\pi r^3 \cdot \rho.$$

Die auf die Kugel wirkende Schwerkraft ist:

$$F_{\mathrm{g}} = m_{\mathrm{K}} g = \frac{4}{3}\pi r_{\mathrm{K}}^3 \cdot \rho_{\mathrm{K}} \cdot g. \tag{2.3}$$

Die Auftriebskraft entspricht dem Betrag nach der Gewichtskraft der verdrängten Flüssigkeit (Archimedisches Prinzip):

$$F_{\mathrm{a}} = m_{\mathrm{Fl}} g = \frac{4}{3}\pi r_{\mathrm{K}}^3 \cdot \rho_{\mathrm{Fl}} \cdot g. \tag{2.4}$$

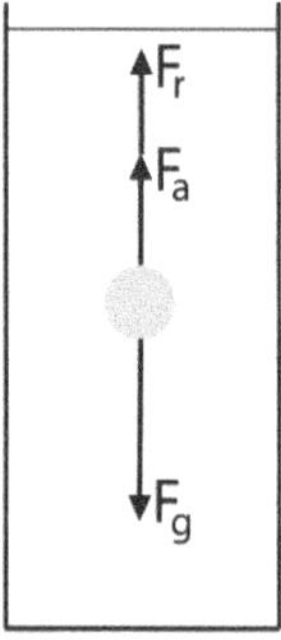

Abbildung 2.4.: In viskoser Flüssigkeit sinkende Kugel und die an ihr angreifenden Kräfte.

Während die Schwerkraft nach unten wirkt, wirken Auftriebs- und Reibungskraft nach oben (Abb. 2.4). Die ersten beiden Kräfte sind konstant, während die Reibungskraft mit zunehmender Geschwindigkeit v größer wird. Für die Gesamtkraft F gilt:

$$F = F_\mathrm{g} - F_\mathrm{a} - F_\mathrm{r}$$

Sobald die Kugel nach einiger Zeit mit konstanter Geschwindigkeit sinkt, gilt nach Newtons erstem Gesetz: „Wenn die Summe aller Kräfte auf einen Körper (in diesem Fall die Kugel) gleich null ist, so bewegt er sich mit konstanter Geschwindigkeit fort oder bleibt in Ruhe."
Mit Gln.(2.2 - 2.4) ergibt sich:

$$F = 0$$

$$\Rightarrow \frac{4}{3}\pi r^3 \rho_\mathrm{K} g - \frac{4}{3}\pi r^3 \rho_\mathrm{Fl} g - 6\pi r \eta v = 0.$$

Und Auflösen nach η ergibt

$$\eta = \frac{2gr^2}{9v}(\rho_\mathrm{K} - \rho_\mathrm{Fl}). \tag{2.5}$$

Beispiele:
Bei der Sedimentationsanalyse werden Teilchen unterschiedlicher Dichte voneinander getrennt, z.B. bei der Blutsenkung Erythrozyten vom Blutplasma, oder über die Sedimentationsgeschwindigkeit Rückschlüsse auf die Größe der sinkenden Körper gezogen. Da Moleküle und andere kleine Körper sehr langsam sinken, ersetzt man die Schwerkraft durch die Zentrifugalkraft einer Zentrifuge. Damit kann die Sedimentationsgeschwindigkeit um das 10^6-fache gesteigert werden.

Bei einem Fallschirmspringer kann das Stokessche Gesetz zwar nicht mehr als Näherung verwendet werden, qualitativ ähnelt aber sein Fall dem der Kugel in einer Flüssigkeit. Da die Luftreibung mit zunehmender Geschwindigkeit immer größer wird, kann er im freien Fall höchstens ca. 200 km/h und mit geöffnetem Schirm ca. 10 km/h erreichen.

2.2.4. Hagen-Poiseuillesches Gesetz

Unter der Volumenstromstärke I_V versteht man das Flüssigkeitsvolumen ΔV, das pro Zeiteinheit Δt durch einen Rohrquerschnitt fließt:

$$I_V = \frac{\Delta V}{\Delta t}.$$

Von welchen physikalischen Größen die Volumenstromstärke I_V beim Fluss durch ein Rohr abhängt, wird anhand von Abb. 2.5 veranschaulicht: Eine hohe und eine niedrige Wassersäule sind über ein enges Rohr der Länge L und mit Radius r verbunden. Die unterschiedlich hohen Wasserstände in den Säulen bewirken einen hydrostatischen Druckunterschied. Um diesen Unterschied auszugleichen, fließt Wasser durch das enge Rohr von links nach rechts. Physikalisch ausgedrückt ergibt sich ein Volumenstrom durch das Rohr, für den Folgendes gilt:

- Höhenunterschied Δh und Druckunterschied Δp zwischen den Enden des Rohres sind zueinander proportional (Masse m und Dichte ρ_Fl beziehen sich auf die Flüssigkeit, A ist die Querschnittsfläche der Wassersäulen, g die Erdbeschleunigung):

$$\Delta p = \frac{\Delta m g}{A} = \frac{\Delta V \rho_\mathrm{Fl} g}{A} = \frac{\Delta h A \rho_\mathrm{Fl} g}{A} = \Delta h \rho_\mathrm{Fl} g. \tag{2.6}$$

- Je größer Δp ist, desto größer ist das Ausgleichsbestreben und damit die Volumenstromstärke I_V. Es gilt $I_\mathrm{V} \propto \Delta p$.

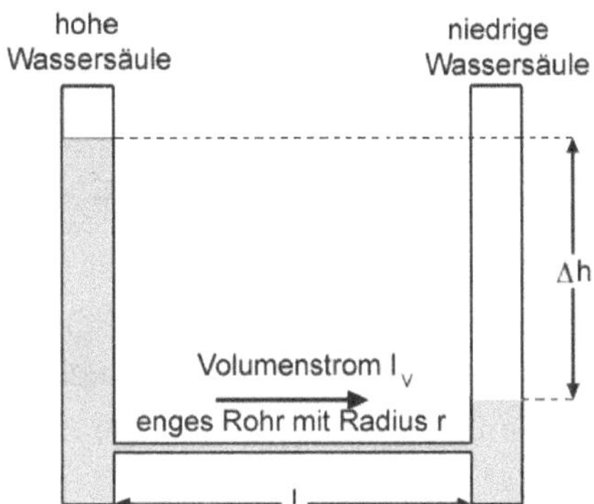

Abbildung 2.5.: Vorüberlegung zum Hagen-Poiseuilleschen Gesetz.

- Der Volumenstrom hängt auch von der Flüssigkeit selbst ab: Je viskoser, also zähflüssiger sie ist, desto niedriger ist der Volumenstrom: $I_{\mathrm{V}} \propto \frac{1}{\eta}$.

- Die weiteren Abhängigkeiten liegen in dem dünnen Rohr, der **Kapillare**: Bei sehr großem Querschnitt und geringer Länge würde der Ausgleich zwischen den Wasserständen sofort geschehen. Das dünne Rohr erschwert den Volumenaustausch: Je länger und je enger es ist, desto schwächer ist die Volumenstromstärke. Während Volumenstromstärke und Länge L zueinander umgekehrt proportional sind, wird die Volumenstromstärke mit größerem Radius r steigen. Hierbei geht r mit der zunächst unbekannten Potenz k ein: $I_{\mathrm{V}} \propto \frac{r^k}{L}$.

Dass der Radius mit der vierten Potenz eingeht, sieht man an einem Einheitenvergleich unter Berücksichtigung der Proportionalität von I_{V} zu

Δp, $1/\eta$, $1/L$ und r^k:

$$\begin{aligned} \text{Ansatz:} \qquad I_\text{V} &= \tfrac{r^k}{\eta L} \cdot \Delta p \\ \frac{\text{m}^3}{\text{s}} &= \tfrac{[r^k]}{\text{Pa}\cdot\text{s}\cdot\text{m}} \cdot \text{Pa} = \tfrac{\text{m}^k}{\text{s}\cdot\text{m}} \\ \Rightarrow \text{m}^k &= \tfrac{\text{m}^3\cdot\text{s}\cdot\text{m}}{\text{s}} = \text{m}^4 \end{aligned}$$

Die formale Herleitung liefert einen zusätzlichen Faktor $\pi/8$. Damit erhält man das **Hagen-Poiseuillesche Gesetz**, das der deutsche Ingenieur Hagen (1839) und der französische Arzt Poiseuille (1840 in einer Untersuchung über den Blutkreislauf) unabhängig voneinander aufstellten:

$$I_\text{V} = \frac{\pi}{8} \cdot \frac{r^4}{\eta L} \cdot \Delta p. \tag{2.7}$$

Das Hagen-Poiseuillesche Gesetz gilt nur unter den folgenden fünf Idealbedingungen:

1. Es sollen nur die erwähnten inneren Reibungskräfte auftreten. Das bedeutet, dass die Teilchen während der Bewegung nicht mehr beschleunigt werden, es sich also um eine sogenannte stationäre Strömung handelt (waagrechtes Rohr oder geschlossener Kreislauf).

2. An der Rohrwand soll $v = 0$ sein. Es wird nur die Reibung der inneren Flüssigkeitsschichten berücksichtigt und vereinfachend davon ausgegangen, dass die äußerste Flüssigkeitsschicht an der Rohrwand haftet.

3. Es handelt sich um eine Newtonsche Flüssigkeit, d.h. η ist konstant. Die Viskosität soll sich nicht mit der Volumenstromstärke bzw. der Fließgeschwindigkeit ändern.

4. Das fließende Medium soll inkompressibel sein, also gleichbleibende Dichte bei jedem Druck haben. Dies ist für Flüssigkeiten meist gültig, für Gase aber nicht.

5. Es soll laminare Strömung vorliegen, d.h. es sollen keine Verwirbelungen auftreten, die bei hohen Strömungsgeschwindigkeiten entstehen würden. Dafür ist eine lange, dünne Kapillare notwendig.

Der Aufbau für Teilversuch 2 erfüllt alle diese Bedingungen. Aber selbst wenn nicht alle vollständig erfüllt sind, dient das Hagen-Poiseuillesche Gesetz oftmals als sinnvolle Näherung.

Beispiele:
Das Blut fließt in großen Körpergefäßen laminar, was die Herzarbeit gering hält. Arteriosklerotische Veränderungen verengen den Gefäßquerschnitt (Radius hoch 4!), wodurch das Blut im Engpass schneller strömen muss. Dort schlägt die laminare Strömung in eine turbulente Strömung um, wodurch das strömende Blut stark behindert wird. Daher fällt der Druck hinter der Engstelle stark ab und die dahinter liegenden Organe werden schlechter mit Blut versorgt.

Die Tatsache, dass die Durchflussmenge stark vom Radius abhängt, nutzt der Körper aus: Mit kleinen Änderungen des Kapillardurchmessers steuert der Körper die Durchblutung und damit auch den Wärmeverlust. Bei Kälte ziehen sich die Blutgefäße ein wenig zusammen und senken so die Wärmeabgabe: Weniger Blut gibt weniger Wärme ab. Große Gefahr besteht allerdings bei hohem Alkoholkonsum im Winter: Alkohol weitet die Blutgefäße, weshalb ein Betrunkener in einer kalten Winternacht sehr schnell erfrieren kann.

2.2.5. Oberflächenspannung

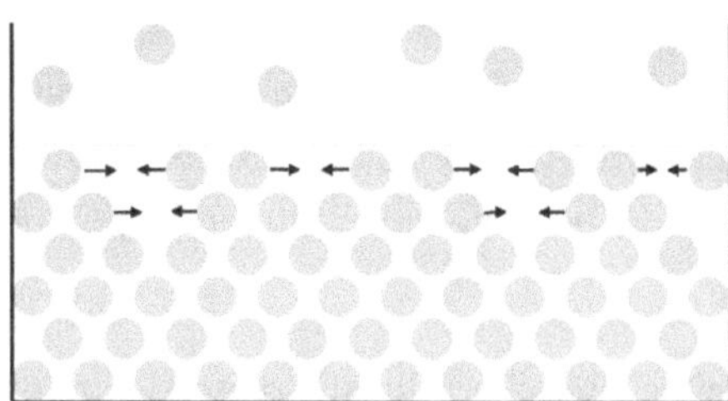

Abbildung 2.6.: Ausgedünnte Flüssigkeitsschicht an der Oberfläche. Die anziehenden Kräfte parallel zur Oberfläche sind angedeutet.

An der Oberfläche einer Flüssigkeit gelingt es vereinzelten Molekülen aufgrund der thermischen Bewegung, diese zu verlassen, wodurch die Dichte in der Randschicht der Flüssigkeit absinkt (Abb. 2.6). Dadurch wird der Abstand zwischen einzelnen Molekülen größer als r_0 und sie beginnen sich gegenseitig anzuziehen. Durch diese Kraft steht die Oberfläche wie eine Gummihaut tangential unter Spannung (vgl. dazu auch Abb. 2.1, Seite 9). Würde man diese Haut ein Stück aufschneiden, bräuchte man eine Kraft, um den Schnitt zusammen zu halten. Über die Kraft F, die notwendig ist, um einen Schnitt der Länge l durch die Oberfläche zusammen zu halten, definiert man die **Oberflächenspannung** σ als Kraft pro Länge.

$$\sigma = \frac{F}{l}$$

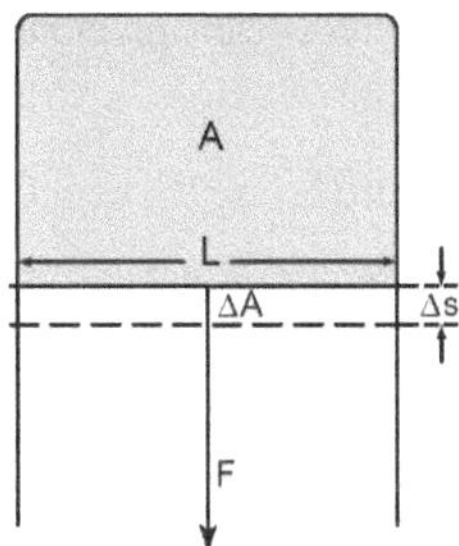

Abbildung 2.7.: Zur experimentellen Bestimmung der Oberflächenspannung.

Abb. 2.7 zeigt, wie sich eine Oberflächenvergrößerung experimentell realisieren lässt: Eine Flüssigkeitslamelle wird von einem U-förmig gebogenen Draht und einem Drahtbügel der Länge L begrenzt. Indem man den Drahtbügel um die Strecke Δs mit der Kraft F gegen die zwischenmolekularen Kräfte nach unten zieht, vergrößert man die Oberfläche A dieser Flüssigkeit. Damit erhält man für die Oberflächenspannung:

$$\sigma = \frac{F}{2 \cdot L} \tag{2.8}$$

Der Faktor 2 resultiert aus der Tatsache, dass die Flüssigkeitslamelle zwei Oberflächen besitzt. Die Kraft greift an zwei Rändern der Lamelle an und es wird die vordere und die hintere Flüssigkeitsoberfläche vergrößert.

Beispiele:

Die Vergrößerung einer Oberfläche erfordert Arbeit. Da die Kugel der geometrische Körper mit der kleinsten Oberfläche bei vorgegebenem Volumen ist, fallen Tropfen annähernd in Kugelform! Mit zunehmender Temperatur nimmt die Oberflächenspannung stark ab, da die zwischenmolekularen Bindungen aufgrund der thermischen Bewegung schwächer werden. Daher sollte man heißes Wasser zur Reinigung verwenden, da es den Schmutz besser lösen kann.

Auch die Zugabe von Spülmittel setzt die Oberflächenspannung herab. Eine Ente kann in Spülwasser nicht schwimmen: Die verringerte Oberflächenspannung bewirkt, dass ihr vorsorglich eingefettetes Federkleid das Wasser nicht mehr abhalten kann, worauf hin das Wasser das Luftpolster, welches die Ente schwimmen lässt, verdrängt und die Ente untergeht. Um eine Glasscheibe sauber brechen zu können, verwendet man einen sogenannten Glasschneider. Die Bezeichnung ist missverständlich, da das Glas nicht geschnitten, sondern nur die Oberfläche eingeritzt wird. Dabei wird die Oberflächenspannung von Glas überwunden. Lässt man die eingeritzte Glasscheibe einige Zeit liegen, so lässt sie sich nach einigen Tagen immer schwerer, und nach einigen Wochen gar nicht mehr brechen. Dies bezeichnet man als Erkalten des Schnitts. Ein weiteres Beispiel aus der Natur sind die Wasserläufer: Wenn ein Körper in Wasser eintaucht, wird die Wasseroberfläche vergrößert. Jedoch reicht das Gewicht eines Wasserläufers nicht aus, die Oberflächenspannung zu überwinden, wodurch sie auf dem Wasser laufen können.

2.2.6. Diffusion

Zwei unterschiedliche, aneinander angrenzende, ruhende Flüssigkeiten (Abb. 2.8a) bleiben nicht getrennt, sondern ein Mischvorgang setzt ein. Die Moleküle beider Flüssigkeiten stoßen infolge der thermischen Bewegung aneinander und beginnen, sich im gesamten Flüssigkeitsvolumen zu verteilen. Diesen Vorgang nennt man **Diffusion**. Dieser Durchmischungsvorgang führt mit der Zeit zu einer gleichmäßigen Verteilung beider Molekülarten im gesamten Volumen (Abb. 2.8b). Dies geschieht auch bei gleichartigen Lösungen unterschiedlicher Konzentration. Man kann diesen Vorgang gut sichtbar machen, wenn man gefärbtes und ungefärbtes Wasser sich vermischen lässt.

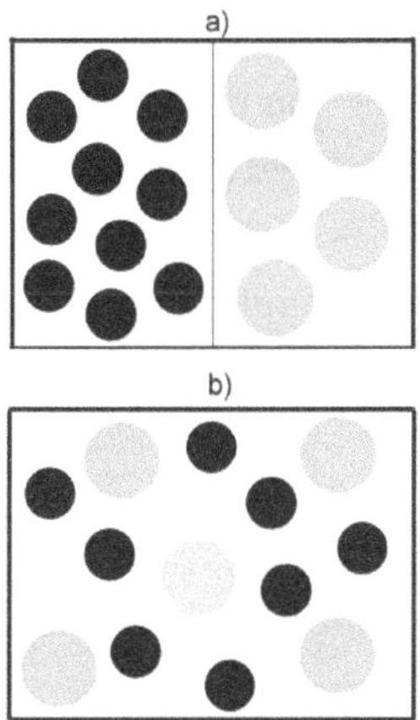

Abbildung 2.8.: Veranschaulichung des Diffusionsvorgangs.

Unter einem Massenstrom versteht man die transportierte Masse pro Zeit $\Delta m/\Delta t$. Dieser ist proportional zum Konzentrationsunterschied $\Delta\beta$ zwischen zwei unterschiedlichen Orten und umgekehrt proportional zu deren Abstand Δx. D.h. je größer der Konzentrationsanstieg $\Delta\beta/\Delta x$ ist, desto größer ist der Strom. Dabei bezeichnet β die Massenkonzentration, also die Masse des gelösten Stoffes X pro Volumen:

$$\beta = \frac{m_{\mathrm{X}}}{V} \qquad [\beta] = \frac{\mathrm{g}}{\mathrm{cm}^3} \tag{2.9}$$

Weiterhin ist der Massenstrom proportional zur Querschnittsfläche der A, durch die Moleküle aufgrund des Konzentrationsunterschiedes strö-

men.
Führt man den Diffusionkoeffizienten D als positiven Proportionalitätsfaktor ein, erhält man das sogenannte **Ficksche Gesetz**:

$$\frac{\Delta m}{\Delta t} = -DA\frac{\Delta\beta}{\Delta x}. \tag{2.10}$$

Da der Konzentrationsanstieg von der Seite der niedrigeren zur Seite der höheren Konzentration vorliegt und der Massenstrom in entgegengesetzter Richtung stattfindet, wird das Ficksche Gesetz mit einem Minuszeichen formuliert. Aus dem Einheitenvergleich folgt $[D] = \mathrm{m}^2/\mathrm{s}$. Der Diffusionskoeffizient ist abhängig von der Temperatur, dem Druck und der Art der Lösung.

2.2.7. Osmose

Eine Membran, die aufgrund ihrer Porengröße für kleinere Moleküle durchlässig ist, für größere jedoch nicht, nennt man **semipermeabel**.
Werden zwei Lösungen unterschiedlicher Konzentration $\beta_1 < \beta_2$ durch eine solche Membran getrennt, liegt ein Konzentrationsunterschied $\Delta\beta = \beta_2 - \beta_1$ zwischen beiden Seiten der Membran mit Dicke Δx vor. Man definiert die **Permeabilität** durch

$$K_\mathrm{P} = \frac{D}{\Delta x} \quad \text{mit} \quad [K_\mathrm{P}] = \frac{\mathrm{m}}{\mathrm{s}}. \tag{2.11}$$

Die Permeabilität ist damit ein Maß für die Geschwindigkeit des Diffusionsprozesses durch die Membran.
Wenn in der geschilderten Situation das Lösungsmittels die semipermeable Membran passieren kann, die gelösten Moleküle aufgrund ihrer Größe jedoch nicht, resultiert eine Nettodiffusion des Lösungsmittels aus Lösung

1 (niedrigeren Konzentration) zu Lösung 2 (hohe Konzentration). Denn dort gruppieren sich die Moleküle des Lösungsmittels durch elektrische Bindungskräfte um die gelösten Moleküle - die Konzentration β_2 wird erniedrigt. Diesen Vorgang nennt man **Osmose**.

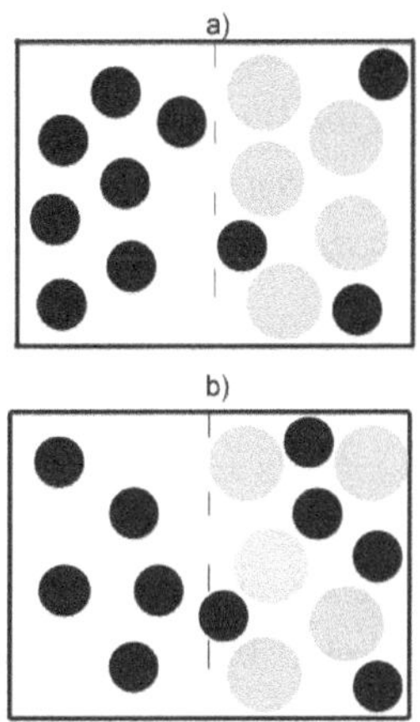

Abbildung 2.9.: Diffusion durch eine semipermeable Membran.

In Abb. 2.9a ist links reines Lösungsmittel $\beta_1 = 0$ und rechts eine Lösung der Konzentration $\beta_2 > 0$. Moleküle des Lösungsmittels diffundieren von links nach rechts, wodurch in der rechten Kammer ein Überdruck entsteht (Abb. 2.9b) und die stärker konzentrierte Lösung verdünnt wird. Der entstehende Überdruck wirkt der Diffusion entgehen, wodurch sich nach einiger Zeit ein Gleichgewicht einstellt. Den Druck, welcher notwendig ist, um die Nettodiffusion zu stoppen, bezeichnet man als **osmotischen Druck** p_{osm}.

Allgemein diffundiert das Lösungsmittel immer von der **hypotonen** (geringere Konzentration) zu der **hypertonen** (höhere Konzentration)

Lösung. Ist die Konzentration auf beiden Seiten der Membran gleich, liegen **isotone** Lösungen vor. Wendet man das Ficksche Gesetz auf die Osmose an, entfällt das Minuszeichen, weil das Lösungsmittel in Richtung des Konzentrationsanstiegs strömt.

Beispiele:

Die Pflanzenwelt bedient sich bei der Wasseraufnahme der Osmose. Durch Einlagerung von Mineralien im Wurzelwerk wird Wasser aus dem Boden angesaugt. Dieser osmotische Druck ist so groß, dass er einen Teil des Wassertransportes in das Blätterdach übernimmt.

Seit einigen Jahren wird intensiv daran geforscht, Osmose als regenerative Energiequelle zu verwenden. Mündet ein Fluss ins Meer, hat man beliebig große Mengen von Lösung (Salzwasser) und Lösungsmittel (Süßwasser) zur Verfügung. Mit dem osmotischen Druck kann eine Turbine zur Stromerzeugung angetrieben werden. Probleme bereitet derzeit noch die Produktion der Membranen. Man ist jedoch zuversichtlich, bis 2015 in Norwegen mit einem finanziell rentablen Prototypen ans Netz gehen zu können.

In der Pharmazie nutzt man Osmose, um zeitverzögerte Tabletten zu fertigen. Der Wirkstoff ist von einer semipermeablen Membran umgeben. Durch diese dringt Wasser ein und drückt den Wirkstoff durch kleine Öffnungen in der Membranhaut nach außen. Da dieser Vorgang langsam abläuft, wird der Wirkstoff, abhängig von der Konzentration, über einen längeren Zeitraum gleichmäßig abgegeben. Infusionslösungen müssen genau gemischt werden. Würde man eine hypertone, also zu hoch konzentrierte Lösung verwenden, würden die Zellen schrumpfen, da Wasser aus den Zellen hinaus diffundiert, um die Lösung zu verdünnen. Trinkt man Meerwasser, „vertrocknet“ man deswegen innerlich. Eine hypotone Lösung hat ein Aufquellen der Zelle zur Folge. Dies kann bis zum Platzen der Zel-

len führen (Hämolyse).

Semipermeable Membranen können auch als Filter verwendet werden: Bei der Umkehrosmose wird eine Lösung durch eine Membran gepresst und Moleküle mit einer bestimmten Mindestgröße dabei herausgefiltert. Dadurch kann Wasser wiederaufbereitet und Meerwasser entsalzt werden. Mit dem gleichen Prinzip wird bei der Dialyse Blut gereinigt, sowohl in unserer Niere, als auch künstlich im Krankenhaus. Aber auch die Herstellung von alkoholfreiem Bier verläuft ähnlich. Anstatt wie früher den Gärvorgang abzubrechen, filtert man die großen Alkoholmoleküle auf dem osmotischen Weg einfach heraus.

2.3. Technische Grundlagen

2.3.1. Kugelfallviskosimeter

Durch eine Weg/Zeit-Messung lässt sich die Sinkgeschwindigkeit bestimmen. Aus Kugelradius r und den bekannten Dichten von Kugel und Flüssigkeit kann die Viskosität (im Teilversuch von Öl) mittels Gl. (2.5) berechnet werden. Diesen Messaufbau nennt man Kugelfallviskosimeter (Abb. 2.10).

Die Dichte von Öl wird mit einem sogenannten **Aräometer** bestimmt (Abb. 2.11). Ein Senkkörper S, dessen Dichte kleiner ist als die der Flüssigkeit Fl, schwimmt darin. Er taucht so weit ein, bis das Gewicht der verdrängten Flüssigkeit mit dem des Senkkörpers übereinstimmt (Archimedisches Prinzip). Dann gilt

$$m_{\text{Fl}}g = \rho_{\text{Fl}}V_{\text{Fl}}g = m_{\text{S}}g.$$

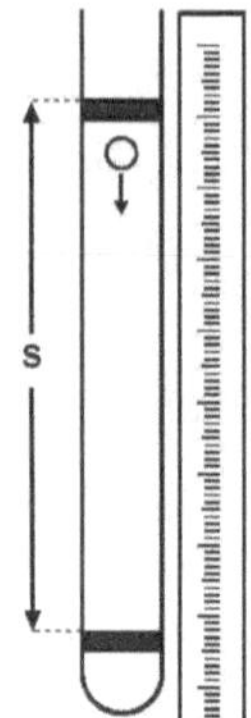

Abbildung 2.10.: Kugelfallviskosimeter.

Abbildung 2.11.: Aräometer.

Kennt man die Masse m_S, so lässt sich aus dem verdrängten Flüssigkeitsvolumen V_Fl die Dichte ρ_Fl der Flüssigkeit berechnen:

$$\rho_\mathrm{Fl} = \frac{m_\mathrm{S}}{V_\mathrm{Fl}}.$$

Auf dem Aräometer ist eine auf die Dichte geeichte Skala angebracht, so dass an der Flüssigkeitsoberfläche die Dichte direkt in g/cm^3 abgelesen werden kann.

2.3.2. Kapillarviskosimeter

Im Rahmen von Teilversuch 2 werden Sie das Hagen-Poiseuillesche Gesetz verwenden, um die Viskosität von Wasser zu bestimmen. Dazu wird das in Abb. 2.12 skizzierte Kapillarviskosimeter verwendet: Aus einem Vor-

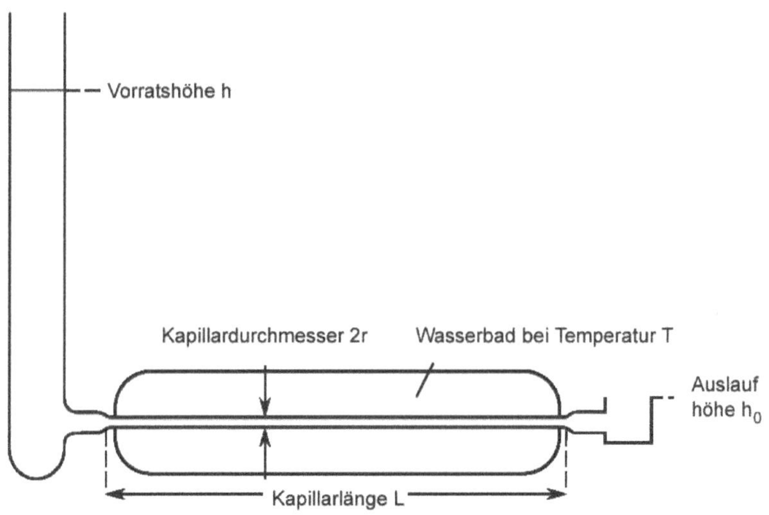

Abbildung 2.12.: Kapillarviskosimeter.

ratsrohr im Bild links (dies entspricht der hohen Wassersäule) strömt die Flüssigkeit durch eine Kapillare in den Auslauf, der Tropfenbildung beim Auslaufen verhindert. Tropfenbildung würde zusätzlich Energie erfordern und das Messergebnis verfälschen. Die Kapillare befindet sich in einem Wasserbad, dessen Temperatur T direkt abgelesen werden kann (Temperaturabhängigkeit der Viskosität!). Den Druckunterschied Δp gewinnt man aus der Höhendifferenz der Flüssigkeit $\Delta h = h - h_0$ nach Gl. (2.6), (Seite 16).

Durch Messung des Volumenstroms I_V bei konstanter Druckdifferenz Δp lässt sich nach Gl. (2.7), (Seite 18) die Viskosität von Wasser berechnen, wenn die Länge L und der Radius r der Kapillare bekannt sind.

2.3.3. Abreißmethode

Zur Messung der Oberflächenspannung von Wasser wird in Teilversuch 3 eine Anordnung verwendet, wie sie in Abb. 2.13 dargestellt ist. An einer Federwaage, welche die Zugkraft anzeigt, hängt ein Aluminiumring, der in die Flüssigkeit eingetaucht und dann langsam herausgezogen wird. Gemessen wird die maximale Kraft F, bei der die Flüssigkeitslamelle, die sich beim Hochziehen bildet, abreißt.

Die zur Bestimmung der Oberflächenspannung benötigte Kraft F_O ergibt sich aus der Messung wie folgt (O = Oberfläche):

$$F = F_\mathrm{O} + F_\mathrm{g}$$

Hierbei ist F_g die Gewichtskraft des Aluminiumrings. Damit und aus Gl. (2.8) folgt für die Oberflächenspannung

$$\sigma = \frac{F_\mathrm{O}}{2L} = \frac{F - F_\mathrm{g}}{2L}. \tag{2.12}$$

Die Länge L ist gegeben durch den Umfang des Aluminiumringes, der

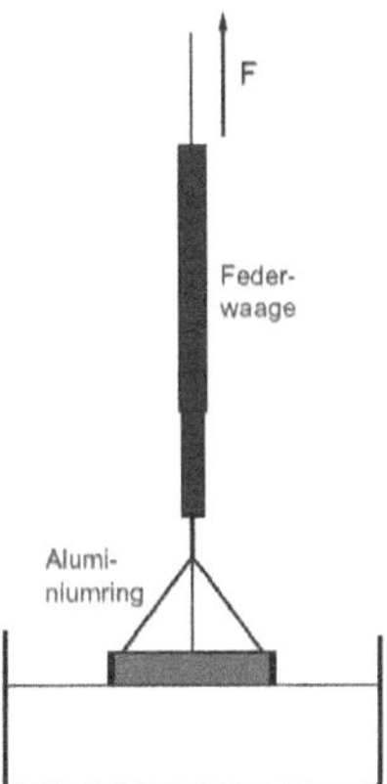

Abbildung 2.13.: Aufbau zur Messung der Oberflächenspannung einer Flüssigkeit.

Faktor 2 resultiert aus der Tatsache, dass die Kraft an zwei Rändern, nämlich innen und außen, angreift.

2.3.4. Osmometer

Ein mit Glucoselösung der Konzentration β gefüllter Dialysierschlauch wird in Lösungsmittel (im Teilversuch 4 ist dies Wasser) eingetaucht (Abb. 2.14). Um die Glucoselösung zu verdünnen, diffundieren Wassermoleküle durch den Dialysierschlauch, wodurch das Volumen der Lösung vergrößert wird. Dadurch ändert sich mit dem Volumen V zwar die Konzentration β, jedoch kann diese Änderung, verglichen mit dem Gesamtvolumen der Lösung, vernachlässigt werden. Über die Steighöhe h, die an der Kapillare abgelesen wird, lässt sich die Volumenänderung ΔV pro Zeit Δt und

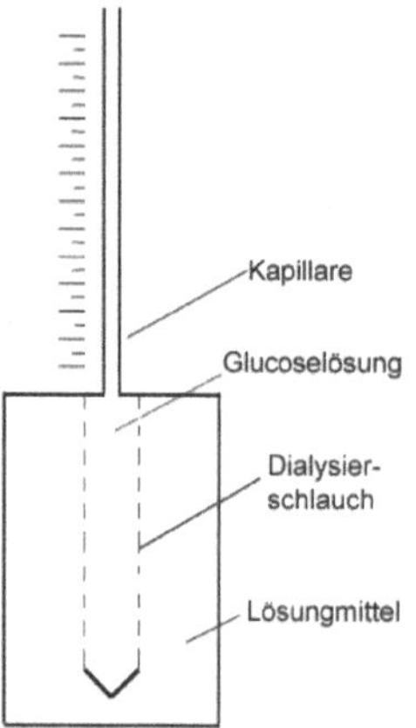

Abbildung 2.14.: Versuchsaufbau zur Osmose.

damit über die Dichte ρ die zeitliche Massenänderung $\Delta m/\Delta t$ ermitteln. Die Abmessungen der Membran können mit dem Messschieber ermittelt werden.

2.4. Versuchsdurchführung

2.4.1. Kugelfallviskosimeter

Teilversuch

In einem Kugelfallviskosimeter sinken Kugeln mit konstanter Geschwindigkeit, da sich Schwer-, Auftriebs- und Reibungskraft gerade kompensieren. Durch dreimalige Messung der Sinkgeschwindigkeit wird die Viskosität der Flüssigkeit bestimmt.

Messgrößen

- Durchmesser $2r$ einer Versuchskugel und Schätzung der Messungenauigkeit $\Delta 2r$
- Fallstrecke s
- Fallzeiten t
- Dichte $\rho_{\text{Öl}}$ von Öl
- Temperatur T im Aräometer
- Beobachtung der fallenden Kugel im dünnen Rohr

Durchführung

Der weiße Deckel des dicken Rohres hat einen kleinen Trichter zum Einbringen der Kugeln, damit diese mittig nach unten sinken. Sollte eine Leiter benötigt werden, sind aus Sicherheitsgründen die Rollhocker und nicht die Drehstühle zu verwenden. Zunächst werden fünf Kugeln mit gleichem Durchmesser von ca. 1 mm mit Ethanol gereinigt. Mit einer Kugel wird ausprobiert, ab welcher Höhe diese mit konstanter Geschwindigkeit fällt. Mithilfe der Skala neben dem oberen schwarzen Ring, die den Abstand der Oberkanten der beiden Ringe angibt, wird die Fallstrecke s festgelegt. Für die Bestimmung der Temperatur und der Dichte von Öl steht ein Aräometer im Versuchsraum bereit.

Messen Sie für drei Kugeln die jeweilige Fallzeit t. Lassen Sie die letzte Kugel im dünnen Rohr sinken. Beschreiben und erklären Sie Ihre Beobachtung. Entspricht die Temperatur im Aräometer der in Ihrem Versuchsaufbau? Welche Konsequenzen hat dies für die Auswertung?

2.4.2. Kapillarviskosimeter

Teilversuch

Bestimmung der Viskosität von Wasser mit Hilfe des Hagen-Poiseuilleschen Gesetzes. Das Wasservolumen, das durch eine Kapillare fließt, wird zweimal in Abhängigkeit von der Druckdifferenz zwischen den Kapillarenden bestimmt.

Messgrößen

- Massen der kleinen Spritzflasche vor der Messung m_{vor} und danach m_{nach}
- Pegel h im Vorratsrohr und Auslaufhöhe h_0
- Temperatur des Wasserbades T
- Messzeit t

Durchführung

Vor Beginn der Messungen ist das Gefäß unter dem Auslauf eventuell noch zu leeren. Das Vorratsrohr wird zunächst bis oben gefüllt und solange nachgefüllt, bis das Wasser gleichmäßig und blasenfrei durch die Kapillare strömt. Während der Messung wird der Wasserspiegel mit einer kleinen Spritzflasche konstant gehalten. Aus den verwendeten Wassermassen wird über die Dichte das durchgeflossene Wasservolumen ermittelt.

Messen Sie etwa fünf Minuten lang bei einem gut sichtbaren Wert von etwa vierzig auf der Skala. Lassen Sie nun die Wassersäule um ca. zehn Zentimeter absinken und wiederholen Sie die Messung bei niedrigerem Wasserpegel.

2.4.3. Messung der Oberflächenspannung

Teilversuch
Zur Bestimmung der Oberflächenspannung einer Flüssigkeit wird ein Ring in dieselbe eingetaucht, mit ihm eine Flüssigkeitslamelle hochgezogen und die Abreißkraft fünfmal mit einer Federwaage gemessen.

Messgrößen

- (Innen-)Durchmesser $2r$ des Ringes mit Fehler $\Delta 2r$
- Gewichtskraft F_g des trockenen Aluringes inklusive Aufhängung in Luft mit Messfehler ΔF_g
- (maximale) Zugkraft F mit Fehler ΔF

Durchführung
Da bereits geringe Fett- oder Seifenspuren die Oberflächenspannung und damit die Messergebnisse erheblich verändern, wird der Ring zunächst mit Ethanol, dann mit Wasser gesäubert. Während des Versuchs sollte der Ring möglichst waagrecht über der Wasseroberfläche in der Glasschale hängen. Eine erneute Verschmutzung des Ringes durch Berühren ist dabei zu vermeiden. Der Ring wird in das Wasser gesenkt, bis seine Unterkante vollständig benetzt wird. Nun wird der Ring langsam mit dem Grob-/Feintrieb nach oben gezogen, bis sich zwischen Ring und Wasseroberfläche eine kleine Flüssigkeitswand bildet, die schließlich abreißt.

Messen Sie fünfmal den maximalen Zugkraftwert F, bei dem die Flüssigkeitslamelle abreißt. Messen Sie den Durchmesser $2r$ des Ringes an verschiedenen Stellen, da dieser nicht exakt kreisförmig sein kann.

2.4.4. Osmometer

Teilversuch

a) Die Leistung des verwendeten Osmometers wird (als Modell eines Osmosekraftwerkes) bestimmt.
b) Die Permeabilität einer Membran wird bestimmt. Daraus wird die mittlere Zeit, die ein Wassermolekül zum Passieren der Membran benötigt, berechnet.

Messgrößen

- Höhe h_{M} und Durchmesser $2r_{\mathrm{M}}$ der Membran
- Massen von gelöstem Stoff m_{G} und Lösungsmittel m_{W}
- Beobachtung des Höhenanstiegs vor Messbeginn
- Messtabelle mit Steighöhen h_i und Zeiten t_i

Durchführung

Um Glucosereste zu entfernen, werden der Dialysierschlauch und die Kapillare mit Wasser ausgespült. Wasserreste in der Kapillare müssen mit der Wasserstrahlpumpe entfernt werden. In einem Messbecher wird aus etwa vier Gramm Glucose und vierzig ml Wasser eine Glucoselösung hergestellt. Über einem Auffanggefäß wird das Reagenzglas bis knapp unter den Überlauf mit Wasser und der Dialysierschlauch bis ganz oben mit der Glucoselösung gefüllt. Der Dialysierschlauch wird mit dem kleinen Gummipfropfen der Kapillare verschlossen, dieser Aufbau langsam in das Reagenzglas gesenkt und dieses mit dem dicken Gummipfropfen der Kapillare verschlossen. Um die Steighöhe ablesen zu können, wird die Messskala hinter der Kapillare befestigt. Nach Ende der Messung werden

die Flüssigkeiten im Waschbecken entsorgt und Kapillare und Dialysierschlauch wie zu Beginn gereinigt.
Nachdem Sie den Versuch aufgebaut haben, sollten Sie einige Minuten warten. Messen Sie nun in Intervallen von einer Minute mindestens zehnmal die Steighöhe.

2.5. Auswertung

2.5.1. Kugelfallviskosimeter

- Berechnen Sie den Mittelwert für die gemessenen Fallzeiten. Schätzen Sie den Fehler mit $\Delta t = (t_{\text{max}} - t_{\text{min}})/2$ ab.

- Berechnen Sie die mittlere Geschwindigkeit einer Kugel und damit die Viskosität η von Öl.

- Bestimmen Sie den Fehler $\Delta\eta$ (Details finden Sie in „A1 - Auswertung von Messergebnissen"):
  Der relative Fehler eines Produktes oder Quotienten ist gleich der Summe der relativen Fehler der Messwerte. Da $v = s/t$ ist und r in Gl. (2.5) quadratisch auftritt, ergibt sich unter der Annahme, dass t und r die einzigen fehlerbehafteten Größen sind, der relative Fehler von η wie folgt:
  $$\frac{\Delta\eta}{\eta} = \frac{\Delta t}{t} + 2 \cdot \frac{\Delta r}{r}.$$

- Vergleichen Sie Ihr Ergebnis mit dem Literaturwert (Abb. 2.15, Seite 41). Berücksichtigen Sie eventuelle systematische Fehler bei der Wahl des Literaturwertes.

2.5.2. Kapillarviskosimeter

- Berechnen Sie die jeweiligen Druckdifferenzen aus den Höhendifferenzen $\Delta h = h - h_0$.
- Berechnen Sie für beide Messungen jeweils die Viskosität von Wasser. Die Abmessungen der Kapillare entnehmen Sie dem Datenblatt auf Seite 40 (siehe auch Abb. 2.12, Seite 29).
- Berechnen Sie abschließend den Mittelwert mit Fehler aus Ihren beiden Ergebnissen für η und vergleichen Sie dies mit dem Literaturwert.

2.5.3. Messung der Oberflächenspannung

- Berechnen Sie mit Gl. (2.12), (Seite 30) die Oberflächenspannung σ von Wasser. Verwenden Sie dazu die Mittelwerte für $2r$ und F.
- Für die Berechnung von $\Delta\sigma = (\sigma_{\mathrm{max}} - \sigma_{\mathrm{min}})/2$ verwenden Sie die extremalen Werte für F, F_{g} und r. Überlegen Sie, wann Sie den maximalen bzw. den minimalen Wert einsetzen müssen.
- Vergleichen Sie Ihr Ergebnis mit dem Literaturwert.

2.5.4. Osmometer

a) Osmosekraftwerk:

- Berechnen Sie mit folgender Formel die während der Messung verrichtete Arbeit W. Dabei ist h_0 die Starthöhe, h_{10} die Höhe am

Ende Ihrer Messung, A_K die Querschnittsfläche der Kapillare mit Durchmesser $2r = 1\,\mathrm{mm}$ (W = Wasser).

$$W = \frac{1}{2} \cdot A_K \cdot \rho_\mathrm{W} \cdot g \cdot (h_{10}^2 - h_0^2) \tag{2.13}$$

- Bestimmen Sie damit die Leistung P Ihres Kraftwerkes.
- Schätzen Sie anhand der Membranfläche A_M Ihres Modells ab, welche Fläche für eine Leistung von 1 W erforderlich ist.

Anmerkung:
Die aus der Schule bekannte Formel $E_\mathrm{pot} = m \cdot g \cdot h$ ist in diesem Fall nicht ohne weiteres anwendbar, da sich die Masse m mit der Höhe ändert. Da die Kraft $F = m \cdot g$ von der Höhe h der Flüssigkeitssäule in der Kapillare abhängt, berechnet man die verrichtete Arbeit = Kraft · Weg für jede Höhe h und summiert diese auf. Formal geschieht dies durch folgendes Integral:

$$W = \int_{\mathrm{h_0}}^{\mathrm{h_{10}}} F \cdot \mathrm{d}h = \int_{\mathrm{h_0}}^{\mathrm{h_{10}}} m(h) \cdot g \cdot \mathrm{d}h = \int_{\mathrm{h_0}}^{\mathrm{h_{10}}} V \cdot \rho \cdot g \cdot \mathrm{d}h =$$

$$= \int_{\mathrm{h_0}}^{\mathrm{h_{10}}} A_K \cdot h \cdot \rho \cdot g \cdot \mathrm{d}h = \left[\tfrac{1}{2} \cdot A_K \cdot \rho \cdot g \cdot h^2\right]_{h_0}^{h_{10}} = \tfrac{1}{2} \cdot A_K \cdot \rho \cdot g \cdot (h_{10}^2 - h_0^2)$$

b) Ficksches Gesetz:

- Tragen Sie die Steighöhe h gegen die Zeit t auf und bestimmen Sie aus der Steigung die mittlere Höhenänderung pro Zeit (mitsamt Fehler).
- Berechnen Sie den Massenstrom aus dem Volumen, das in der Kapillare pro Minute hochströmt. Der Kapillardurchmesser beträgt $2r = 1\,\mathrm{mm}$.
- Berechnen Sie die Konzentration Ihrer Lösung und daraus die Permeabilität (mitsamt Fehler) für Ihren Aufbau.

- Berechnen Sie die Zeit t, die ein H_2O-Molekül benötigt, um die Membran zu passieren, wenn deren Dicke $x = 20\,\mu m$ beträgt. Warum ist es wichtig, nach Vorbereitung des Versuchs einige Minuten bis zum Start der Messung zu warten?

2.6. Anhang

2.6.1. Datenblatt

Abmessungen der Kapillare des Kapillarviskosimeters	
- Durchmesser	$2r = (0,80 \pm 0,05)\,\mathrm{mm}$
- Länge	$L = (24 \pm 0,5)\,\mathrm{cm}$
Erdbeschleunigung	$g = 9,81\,\mathrm{m/s^2}$
Dichte	
- Wasser	$\rho = 1\,\mathrm{g/cm^3}$
- Stahl	$\rho = 7,9\,\mathrm{g/cm^3}$
Oberflächenspannung ($T = 20°\mathrm{C}$)	
- Wasser	$\sigma = 0,0728\,\mathrm{N/m}$
- Ethanol	$\sigma = 0,0226\,\mathrm{N/m}$
Viskosität von Ethanol ($T = 20°\mathrm{C}$)	$\eta = 1,19\,\mathrm{mPa \cdot s}$

Tabelle 2.1.: Viskosität von Wasser

Temperatur Θ/ °C	15	16	17	18	19	20	21	22
η_{Wasser}/ mPa·s	1,139	1,109	1,081	1,053	1,027	1,002	0,978	0,955

Temperatur Θ/ °C	23	24	25	26	27	28	29	30
η_{Wasser}/ mPa·s	0,933	0,911	0,890	0,871	0,851	0,833	0,815	0,798

2.6.2. Formelsammlung

Leistung (W = Arbeit, t = Zeit): $P = W/t$

Kreisumfang (r = Radius): $U_K = 2\pi \cdot r$
Oberfläche des Zylindermantel: $M_Z = 2\pi \cdot r \cdot h$
Zylindervolumen : $V_Z = \pi \cdot r^2 \cdot h$
Kugelvolumen : $V_K = \frac{4}{3}\pi \cdot r^3$

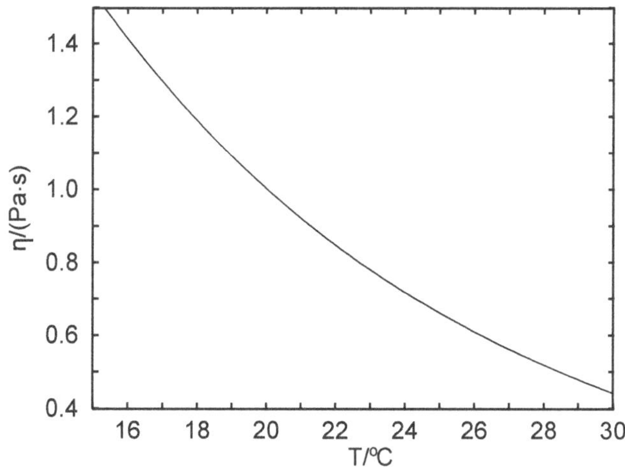

Abbildung 2.15.: $\eta_{\text{Öl}}(T)$.

Kapitel 3. Überarbeitung einer Praktikumsanleitung

3.1. Anforderungen an ein Praktikum

Bei der Erstellung einer Anleitung für einen Praktikumsversuch ist es notwendig, das Vorwissen, auf das die Studierenden der jeweiligen Fachrichtungen im Regelfall zurückgreifen können, gut einzuschätzen. Nach dem aktuellen bayerischen Kollegstufensystem für das neunjährige Gymnasium[1] haben die Schüler[2] zwei der drei Fächer Physik, Chemie und Biologie aus dem naturwissenschaftlichen Bereich zu belegen. Daher zieht ein Großteil der Schüler, die später ein Gebiet der Life Sciences studieren werden, Biologie und Chemie der Physik vor. Deshalb hatten die meisten Studierenden dieser Fachrichtungen zu Beginn ihres Studiums seit zwei oder mehr Jahren keinen Physikunterricht mehr. Diese Tendenz wird in

[1]Da die Lehrpläne für die Oberstufe des achtjährigen Gymnasiums vom Kultusministerium noch nicht festgelegt worden sind, wird auf diese Veränderung nicht weiter eingegangen. Es ist jedoch nicht davon auszugehen, dass Physik als verpflichtendes Abiturfach eingeführt werden wird.

[2]Die korrekte Bezeichnung „Schülerinnen und Schüler“ wird zugunsten der Lesbarkeit des Textes auf „Schüler“ verkürzt.

einer Studie von Hartmut Borawski an der RWTH Aachen unter vergleichbaren Bedingungen belegt [2].

Aus diesem Grund ist physikalisches Vorwissen und Erfahrung mit physikalischen Experimenten, was zum Beispiel in Schülerexperimenten an der Schule erworben werden kann, meist nur bruchstückhaft vorhanden. Dazu kommt häufig eine Abneigung gegenüber dem Fach an sich, die sich darin äußert, dass es oftmals als Belastung, uninteressant und als verpflichtende Notwendigkeit angesehen wird, der man sich möglichst bald zu entledigen versucht. Diese Aspekte müssen bei der inhaltlichen, didaktischen und methodischen Strukturierung eines Praktikums berücksichtigt werden.

An der Heinrich-Heine-Universität Düsseldorf (HUU) wurde in diesem Zusammenhang eine Studie zum Thema „Physikpraktikum für Medizinstudenten - Entwicklung und Evaluation eines adressatenspezifischen Praktikums“ von Dieter Schumacher und Heike Theyßen durchgeführt [3]. Dort wurde u.a. untersucht, welche Zielsetzung und Charakteristika ein guter Praktikumsversuch erfüllen soll. Viele dieser erarbeiteten Merkmale lassen sich auf vergleichbare Physikpraktika für andere Studienrichtungen übertragen. Nach dieser Studie soll ein gutes physikalisches Praktikum die Voraussetzungen für das Verständnis fachspezifischer physikalischer Probleme schaffen, physikalische Grundkenntnisse und fehlendes Schulwissen bereitstellen, mathematisch- naturwissenschaftliches Denken vermitteln sowie den Umgang mit Messdaten trainieren. Einen guten Versuch zeichnet seine Praxisnähe und offensichtliche Relevanz zum jeweiligen Studiengang aus. Insbesondere sollten nur zwingend erforderliche Formeln verwendet werden, um die Anschaulichkeit des Versuches nicht durch technische Details zu zerstören [4].

Für die Umsetzung sind Erfahrungswerte aus der Arbeit als Betreuer für derartige Praktika der Physik sehr hilfreich. Erst bei der aktiven Auseinandersetzung mit Studierenden im Nebenfach werden Betreuer auf viele Probleme aufmerksam, die im Vorfeld in dieser Form nicht erwartet oder vermutet worden wären. Fehlvorstellungen, Verständnisprobleme oder falsche Denkweisen offenbaren sich häufig erst im Gespräch mit den Studierenden. Diese Schwierigkeiten werden auch deutlich, wenn die Studierenden die Inhalte eines Versuchstages zu Beginn des Praktikumstages in Form einer Vorbesprechung wiedergeben müssen und verschiedene physikalische Aspekte selbst formulieren und erklären sollen.

Die Erfahrungen, die in den folgenden Abschnitten verarbeitet werden, wurden vom Autor in vier Semestern als Betreuer verschiedener Praktika gesammelt und im Gespräch mit Kollegen ergänzt. Insgesamt lassen sich die zu beachtenden Aspekte in vier große Bereiche „Aufbau und Struktur“ (6.1.), „Inhalt“ (6.2.), „Sprache“ (6.3.) und „Formeln“ (6.4.) aufteilen.

3.1.1. Aufbau und Struktur einer Anleitung

Die meisten Lehrbücher und Lehrveranstaltungen für Studierende mit Physik als Nebenfach sind ergebnisorientiert aufgebaut. Dabei ist das primäre Ziel die Vermittlung von Wissen und weniger die Förderung des Verständnisses für physikalische Zusammenhänge. In einer Querschnittsvorlesung kann selten auf alle Hintergründe eingegangen werden, da dies den zeitlichen Rahmen sprengen oder das physikalische Vorstellungsvermögen vieler Studierender überschreiten würde. Das Physikpraktikum stellt an dieser Stelle einen Gegenpol dar, da hier das selbständige Erarbeiten von Wissen und das Sammeln von Erfahrungen mit physikalischen Experimenten im Vordergrund stehen. Da sich das Physikpraktikum, abgestimmt auf die jeweilige Studienordnung, auf eine Auswahl spezieller Versuche beschränkt, bleibt mehr Zeit, sich näher mit der dazugehörigen Physik und den Versuchsaufbauten auseinander zu setzen. Diese Form des „exemplarischen Lernens“ ermöglicht es dem Lernenden, „...über das am Besonderen Erarbeitete eine allgemeine Einsicht in einen Zusammenhang...“ zu erhalten und „...eine ihm bisher nicht verfügbare neue (...) Zugangsweise, eine Lösungsstrategie, eine Handlungsperspektive...“ zu gewinnen [5].

Die Einteilung der Anleitung in „Physikalische Grundlagen“, „Technische Grundlagen“ und „Versuchsdurchführung und Auswertung“ ist aus zwei Gründen sinnvoll: Indem zunächst Grundwissen vermittelt wird, das nötig ist, um die Messungen mit den Versuchsaufbauten verstehen und danach durchführen zu können, wird die Anforderung an eine solche Anleitung erfüllt, inhaltlich für die Vorbereitung ausreichend zu sein. Gleichzeitig sind diese drei Teile im Idealfall so verfasst, dass sie als Einzelteil ebenso verständlich wie vollständig sind. Daher kann beispielsweise bei der Vorbereitung auf eine Prüfung auf den Theorieteil einer Anleitung zurückgegriffen werden, ohne Ergänzungen in den hinteren Teilen nachschlagen zu müssen. Umgekehrt reicht - bei ordentlicher Vorbereitung - der letzte Teil, um den Versuch durchführen und auswerten zu können.

Motivierende Beispiele aus den jeweiligen Fachrichtungen erhöhen Interesse, Konzentration und Aufmerksamkeit beim Leser. Eine Sammlung von Anwendungsbeispielen am Ende der Anleitung wird erfahrungsgemäß in den meisten Fällen aus Bequemlichkeit nicht mehr gelesen. Hingegen zeigen über den Theorieteil passend verteilte Beispiele den Studierenden unmittelbar, wie die gerade erarbeiteten physikalischen Zusammenhänge in ihrem Studienfach angewandt werden können. Zudem regen jene an, das gerade Gelesene im Blick auf die Relevanz für das eigene Fach nochmal zu durchdenken. Eine Umfrage unter Studierenden der Biologie an der HHU belegt dies: Diese geben einem kontinuierlichen Anwendungsbezug den Vorzug, während eine Häufung von Beispielen nur zu Beginn, jedoch nicht am Ende einer Anleitung, begrüßt wird [6].

3.1.2. Inhaltliche Aspekte

In einem physikalischen Praktikum soll den Studierenden Grundwissen vermittelt werden, das für das Verständnis fachspezifischer Probleme nötig ist. Die Schwerpunkte werden dabei durch die Studien- und Prüfungsordnungen der jeweiligen Studienrichtungen festgelegt. Eine Anleitung zu einem Praktikumsversuch sollte dabei den Spagat schaffen, den Schwerpunkt auf Verständnis und Transfer zu setzen, ohne dabei auf wichtige physikalische Details zu verzichten. In diesem Zuge ist es sinnvoll, über die Relevanz mancher physikalischer Aspekte nachzudenken und inwieweit diese anwendungsbezogen und motivierend dargestellt werden können.
Da die Studierenden zu Beginn des Versuchstages über die Inhalte des jeweiligen Praktikumsversuches referieren sollen, spiegelt sich der Schwierigkeitsgrad und das Gewichtungsverhältnis Theorie - Anwendung der Anleitung in der Regel auch in der Vorbesprechung wieder. Somit beugt eine verständnisorientiert geschriebene Anleitung einer zu theorielastigen Vorbesprechung vor. Zusätzlich sollte der jeweilige Praktikumsbetreuer während des Versuches bei engagierten Gruppen eingreifen und manche Sachverhalte, auf die in der Anleitung verzichtet wurde, ergänzen und vertiefen.

3.1.3. Funktion von Sprache und Bildern

Wie jede Fachrichtung besitzt auch die Physik ihren eigenen Fachwortschatz, von dem im Laufe der Zeit Wörter in den Alltagswortschatz integriert werden. Zusätzlich weist die Physik vielen Begriffen des täglichen Lebens eine exakte Definition zu, während jene umgangssprachlich viel undifferenzierter gebraucht werden. Beispielsweise werden die Begriffe Leistung und Arbeit oft gleichgesetzt, während diese in der Physik zwei unterschiedliche Größen beschreiben. Hier können für Studierende nichtphysikalischer Fachrichtungen große Missverständnissen entstehen. Es ist wichtig, sich diese Problematik vor Augen zu halten und in einer Versuchsanleitung auf die Wortwahl zu achten. Soll beispielsweise auf einen schwierigeren Begriff nicht verzichtet werden, ist es für den Leser hilfreich, wenn dieser in Ergänzung zur Begriffsklärung noch umschrieben wird. Bei solchen zusätzlichen Erklärungen ist darauf zu achten, keine für die Studierenden möglicherweise widersprüchlich wirkenden Formulierungen zu gebrauchen, denn üblicherweise wird, wenn Teile oder Wörter nicht verstanden werden, schneller und oberflächlicher gelesen.

Für das Verständnis vieler physikalischer Aspekte sind neben Erklärungen bildliche Darstellungen sehr hilfreich. Gerade bei der Herleitung von Gleichungen wird es vielen Studierenden durch eine Visualisierung erleichtert, einen physikalischen Zusammenhang nachvollziehen zu können. Generell führt ein einprägsames Bild zu einer wesentlichen höheren Behaltensleistung, da das Gehirn sowohl auf der verbalen als auch auf der bildlichen Ebene angeregt wird und so zusätzliche Erinnerungspunkte schafft. Bei der Beschreibung der Versuchsaufbauten soll eine Versuchsskizze entweder eine Methode veranschaulichen oder Details zeigen, die bei einem Aufbau wichtig sind. Die Studierenden sollen auch lernen, ein Experiment auf die wesentlichen Bestandteile und die zu messenden Größen zu reduzieren. Dies trainiert nicht nur die Fähigkeit zu Abstrahieren, sondern spart auch Zeit, die für die Durchführung der Experimente während des Versuchstages benötigt wird. Denn viele Studierende glauben, ein gutes Laborprotokoll würde sich durch möglichst perfekt abgemalte Versuchsaufbauten auszeichnen.

3.1.4. Formeln und mathematische Schreibweisen

Da sich die Schulmathematik im Wesentlichen auf Funktionen mit Variable x beschränkt und Ableitungen oder Integrale im Physikunterricht weitgehend vermieden werden, sind einzelne Symbole und Buchstaben genau zu erklären. Der Operator $\mathrm{d}/\mathrm{d}x$ ist aus der Schule weitgehend nicht bekannt, höchstens $\mathrm{d}x$ wird noch mit Integration in Verbindung gebracht. Dementsprechend müssen Schreibweisen wie z.B. $\mathrm{d}v/\mathrm{d}x$ oder $\mathrm{d}v/\mathrm{d}t$ erklärt werden. Gerade letzterer Punkt ist allgemein oft nicht realisierbar, da mathematische Vorkenntnisse fehlen. Es ist auch nicht Aufgabe eines physikalischen Praktikums, solche Defizite aufzufangen. Hier kann eine anschauliche Näherung hilfreich sein, um den entsprechenden Zusammenhang deutlich zu machen. Ferner sollte eine Formel nie um der Formel willen in einem Theorieteil auftauchen, sondern möglichst einen Bezug zur Anwendung im Versuch herstellen, da sie sonst als Fremdkörper gesehen und sowieso überlesen wird. Aus psychologischer Sicht darf außerdem nicht vernachlässigt werden, dass die Gleichungen des Theorieteils von den Studierenden häufig mit den Anforderungen der Klausur gleichgesetzt werden. Da diese für die meisten eine Stresssituation darstellt, kann leicht ein schlechtes Arbeitsklima entstehen, wenn ein Gefühl des Überfordertseins entsteht.

Formeln sind soweit wie möglich zu erarbeiten, durch anschauliche Überlegungen vorzubereiten und zu motivieren. Wenn die korrekte Formel nur durch eine formale Herleitung begründet werden kann, kann trotzdem der grundlegende physikalische Zusammenhang verständlich gemacht werden. Um Übersichtlichkeit und Nachvollziehbarkeit für die Studierenden zu wahren, sollte die Reihenfolge der Symbole einer logischen Ordnung folgen und auf Umformungen explizit hingewiesen werden. Eine Formel, die „vom Himmel fällt“, deren Herleitung nicht nachvollziehbar ist und als Erklärung nur in Worte gefasst wird, wird schlecht memoriert und kann zusätzlich das Gefühl bei den Studierenden erzeugen, ihnen würde nicht mehr physikalisches Verständnis zugetraut.

3.2. Änderungen in der neuen Anleitung

Eine gut geschriebene Versuchsanleitung schafft also Folgendes: Sie zeigt durch Anwendungsbezug und Beispiele den Studierenden die Relevanz der Physik auf und sorgt neben der Motivation gleichzeitig durch viele verschiedene Verknüpfungspunkte für einen besseren Lernerfolg. Einen physikalischen Zusammenhang zu verstehen und dessen Formel zu erarbeiten stellt eine tiefe Form der Elaboration dar. Zusammen mit Bildern und Anwendungsbeispielen führt dies zu sehr guten Behaltensleistungen.

Diese Überlegungen berücksichtigend wurde eine neue Version der Anleitung für den Versuch M1 - Flüssigkeiten [7] geschrieben. Im folgenden Kapitel werden alte und neue Version miteinander verglichen. Der Einfachheit und Übersichtlichkeit halber wurde folgende Nomenklatur gewählt: Ein A hinter einer Gleichungs- bzw. Abbildungsnummerierung bezieht sich jeweils auf die alte, ein N auf die neue Anleitung. Die neue Anleitung findet sich in Teil II (ab Seite 5), die alte Anleitung im Anhang (ab Seite 123).

3.2.1. Änderungen von Aufbau und Struktur

Um die theoretischen Zusammenhänge dieses Versuches erklären zu können, orientiert sich die neue Anleitung hinsichtlich Erklärungen und Aufbau an dem Buch „Lehrbuch der Experimentalphysik“ von Bergmann-Schäfer [8]. Es wurde ein neues Kapitel I.1. verfasst, das ein auf molekularer Ebene anschauliches Bild über die Struktur von Flüssigkeiten und die dort wirkenden Kräfte vermitteln soll. Dieser Ansatz ist neu und in den üblichen Lehrbüchern, die traditionell „handwaving“ Erklärungen anbieten, nicht zu finden. Die Kapitel der physikalischen Grundlagen der Anleitung verwenden dieses Vorwissen bei den Erklärungen der weiteren Sachverhalte. Darauf wird im Folgenden noch genauer eingegangen werden.

In diesem Versuch sollen die Begriffe Viskosität und Oberflächenspannung, sowie das Hagen-Poiseuillesche und das Stokessche Gesetz behandelt werden. Dabei ist die Abfolge der einzelnen Teile unter verschiedenen Gesichtspunkten zu wählen. Da für die Behandlung des Stokesschen Gesetzes nur die Eigenschaften der Viskosität einer Flüssigkeit, nicht aber der Volumenstrom und das Hagen-Poiseuillesche Gesetz benötigt werden, werden diese beiden Begriffe nun nach dem Stokesschen Gesetz behandelt. Um diese Abfolge in der restlichen Anleitung logisch fortzusetzen, wurde die Reihenfolge der Teilversuche „Kapillarviskosimeter“ und „Kugelfallviskosimeter“ vertauscht. Diese Umstellung ist didaktisch sinnvoll, da das Hagen-Poiseuillesche Gesetz erst nach dem leichter zu verstehenden Stokesschen Gesetz kommen sollte. Zusätzlich hat dies den praktischen Vorteil, dass sich die Inhalte des Theorieteils für die Stichwortliste, die als Anhaltspunkt für die Vorbesprechung dient, besser aufteilen lassen. Im Gegensatz zur alten Anleitung ist der Stichwortzettel keine Ansammlung aller im Versuch auftauchenden Begriffe mehr, sondern diese werden gleichmäßig und aufeinander aufbauend den Teilversuchen zugeordnet, so dass anhand der durchzuführenden Experimente die wichtigsten Zusammenhänge besprochen werden sollen.

Das Stokessche Gesetz wird im Theorieteil I.3. (Seite 3A) der alten Anleitung eingeführt, die Herleitung der Gleichung zur Berechnung der Viskosität von Öl mit dem Kugelfallviskosimeter findet sich erst in Kapitel II.2. der Versuchsaufbaubeschreibung. Da der Abschnitt „Physikalische Grundlagen" eigenständig und in sich schlüssig sein soll, wurde diese Formelherleitung in den Theorieteil zum Stokesschen Gesetz vorgezogen. Die zur Berechnung des Druckunterschiedes im Kapillarviskosimeter benötigte Gl. (7A) und Gl. (17A) zur Bestimmung der Oberflächenspannung wurden ebenfalls in den Theorieteil verschoben.
Das Aräometer ist ein Bestandteil des Teilversuches Kugelfallviskosimeter. Deshalb wurde das Kapitel II.3. „Dichtemessung mit dem Aräometer" (Seite 6A) mit dem vorherigen Kapitel „Kugelfallviskosimeter" vereinigt. Zusätzlich wird dadurch eine Konsistenz der Nummerierung mit der Zahl der Teilversuche zu erreicht.

In der alten Anleitung finden sich spezifische Daten wie ρ_{Kugel} in der Gerätebeschreibung, Gerätedaten in der Versuchsdurchführung und Vergleichs- und Literaturwerte im Auswertungsteil. Zusammen mit nützlichen Gleichungen, die zur Auswertung notwendig sind, aber thematisch nicht in den Theorieteil des Praktikumsversuches gehören, wurden diese in einem neuen Teil „Datenblatt und Formelsammlung" als Anhang gesammelt, in dem die Studierenden die fehlenden Größen ähnlich einem Lexikon nachschlagen können.

Die Kapitel Versuchsdurchführung und Auswertung waren in der alten Anleitung nicht voneinander getrennt. Statt der Anweisung, welche Größen zu messen sind, war dieser Abschnitt wie ein unstrukturierter Lückentext verfasst, in den die Messergebnisse einzutragen waren. Da mit der Auswertung erst nach Beendigung aller Teilversuche begonnen werden soll und von den Studierenden selbständig ein übersichtliches Laborprotokoll zu verfassen ist, wurde die Versuchsdurchführung von der Auswertung getrennt und auf Lückentext verzichtet.

In der neuen Anleitung wurden die beiden Abschnitte „Einführung“ und „IV. Interdisziplinäre Relevanz“ durch eine Auswahl an fachspezifischen Beispielen nach jedem Abschnitt des Theorieteils ersetzt. Dadurch werden die gerade gelesen physikalischen Zusammenhänge mit einem praxisnahen Problem in Zusammenhang gebracht, nochmals durchdacht und so mit anderen Bereichen des Gedächtnisses vernetzt. Die Beispiele der alten Anleitung versuchen, den Studierenden die Wichtigkeit der Flüssigkeitsmechanik klarzumachen, indem deren Anwendungsbereiche aus der Pharmazie und Humanmedizin aufgezeigt werden. Die neue Anleitung setzt hier einen zusätzlichen Schwerpunkt mit der Erklärung von Alltags- und Naturphänomenen.
Phänomene wie das viskose Fließen von Glas bei hohen Temperaturen, das sich Glasbläser zunutze machen, erzeugen einen „Aha-Effekt“, weshalb diese nicht mehr vergessen werden. „Gläser (...) erstarren ohne Kristallation und liegen nach Abkühlen unter den Schmelzpunkt zunächst als unterkühlte Flüssigkeit vor, bevor sie nach Unterschreiten der Glastemperatur in den festen Zustand übergehen“ [9].

Dass der Volumenstrom proportional zum Radius hoch vier ist lernen die Studierenden anhand des Hagen-Poiseuilleschen Gesetzes, aber das Wissen, wie der Körper damit den Wärmeverlust regelt und welchen Einfluss Alkohol darauf hat, stellt als Anwendungsbeispiel sicher, dass dies gut einprägt wird. Das Beispiel einer Ente [10], die nicht mehr schwimmen kann, wenn die Oberflächenspannung durch Spülmittel herabgesenkt wird, lockert zudem die Atmosphäre während der Vorbereitung auf. Insgesamt wird durch die Auswahl der Beispiele versucht, die Motivation durch Anwendungswissen und auflockernde Elemente aufrecht zu erhalten. Vor allem unerwartete Beispiele aus dem Alltag bleiben dauerhaft im Gedächtnis, da Studierende diesen im täglichen Leben begegnen, dabei an die Physik dahinter erinnert werden und den Alltagsbezug der Physik erkennen.

3.2.2. Inhaltliche Änderungen

Das erste Kapitel des Theorieteils der alten Anleitung beschäftigt sich mit der Viskosität von Flüssigkeiten und deren quantitativen Beschreibung. Eine Platte, die aus einem Trog mit zwei unterschiedlich gefärbten, übereinander geschichteten Flüssigkeiten gezogen wird, dient als Einstiegsbeispiel. Damit wird der Begriff des Geschwindigkeitsgefälles $\mathrm{d}v/\mathrm{d}x$ eingeführt, obwohl nur das ortsabhängige Geschwindigkeitsprofil $v(x)$ sichtbar ist. Unter $v(x)$ können sich die Studierenden etwas vorstellen, $\mathrm{d}v/\mathrm{d}x$ hingegen wird von den meisten nur als ein mathematischer Ausdruck, der nicht verstanden werden kann, hingenommen.

Im Gegensatz zum einleitenden Beispiel ist für die Kraft der inneren Reibung das Geschwindigkeitsgefälle an einer bestimmten Stelle x_0 interessant. Mit jenem im Hinterkopf liegt die Vermutung nahe, mit F würde die Kraft berechnet, mit der die Platte aus der Flüssigkeit gezogen werden muss. Um Verwirrung zu vermeiden, wurde dieses Beispiel vermieden. Anstelle dessen ist es möglich, sich auf eine anschauliche Darstellung der der wirkenden Kräfte zwischen Molekülschichten, die sich relativ zueinander bewegen, zu beschränken.

Der neu konzipierte Abschnitt „Mikroskopisches Bild von Flüssigkeiten“ ermöglicht einen alternativen Einstieg. Mit dem Wissen, welche Kräfte zwischen den Molekülen wirken, reicht es, sich auf einzelne Molekülschichten zu beschränken, um die Entstehung der inneren Reibung zu erklären. In der Anleitung zum Flüssigkeitsmechanikversuch PMF für Physiker [11] findet sich dazu Abb. 3.1, die zwei aneinander vorbeigleitende Moleküls-

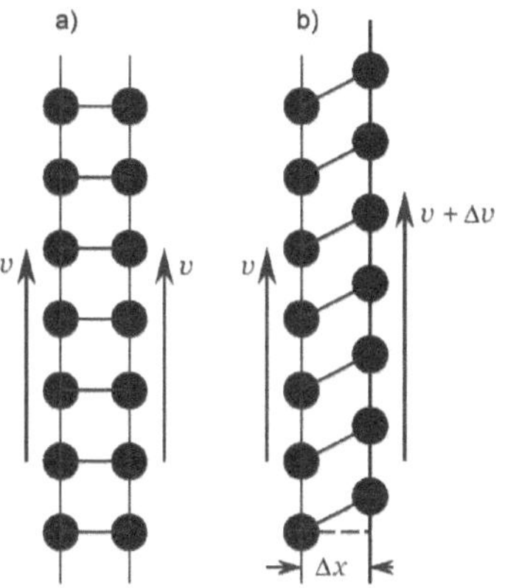

Abbildung 3.1.: Bewegte Molekülschichten ohne und mit Relativgeschwindigkeit [11].

chichten zeigt. Diese wurde um eine dritte Schicht und eine dreidimensionale Ansicht erweitert (Abb. 3.2). Anhand dieser Abbildung werden die wirkenden Kräfte zwischen den Molekülschichten ersichtlich, außerdem kann damit die Gleichung für die innere Reibung anschaulich erarbeitet werden.

Die Temperaturabhängigkeit ist eine wichtige Eigenschaft der Viskosität einer Flüssigkeit. Da im Kapitel „Mikroskopisches Bild von Flüssigkeiten“ die thermische Bewegung eingeführt wird, kann die Abnahme der

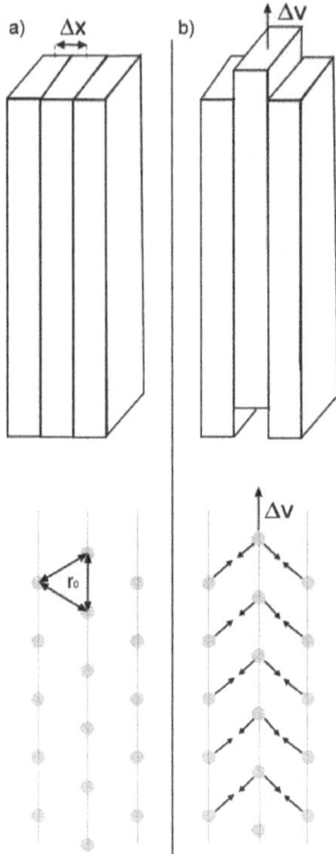

Abbildung 3.2.: Sich bewegende Molekülschicht und zwischen ihren beiden Nachbarschichten wirkende Kräfte.

Viskosität mit steigender Temperatur qualitativ erklärt und verstanden werden. Die Gleichung $\eta = a \cdot exp(b/T)$ beschreibt die exponentielle Abnahme, ist aber für das Praktikum nicht nötig, da die wichtigsten Werte für η tabelliert sind und eine selbständige Bestimmung der stoffspezifischen Koeffizienten a und b nicht durchgeführt wird. Für den Vergleich mit dem Literaturwert wurden im Rahmen der Überarbeitung die Koeffizienten für Öl bestimmt und der Graph $\eta(T)$ im Anhang abgedruckt. Für die tabellierte Werten für $T = 10\,^\circ\mathrm{C}$, $20\,^\circ\mathrm{C}$, $30\,^\circ\mathrm{C}$, $40\,^\circ\mathrm{C}$ und $100\,^\circ\mathrm{C}$ [12] errechnete das Programm gnuplot die Werte $a = (1,73 \pm 0,76) \cdot 10^{-11}$ Pa·s und $b = (7,27 \pm 0,12) \cdot 10^3\,\mathrm{K}$. Auch wenn der Fehler für a mit 43,7% scheinbar sehr groß ist, beträgt die Abweichung der Ausgleichskurve von den experimentell entscheidenden Literaturwerten für $T = 10\,^\circ\mathrm{C}$, $20\,^\circ\mathrm{C}$ und $30\,^\circ\mathrm{C}$ weniger als 1,5%. Anstatt den Vergleichswert durch Extrapolation selbst zu finden, müssen die Studierenden diesen nun in der Auswertung aus der Abbildung ablesen.

In Kapitel I.2. der alten Anleitung findet sich zu Beginn eine Abbildung des parabolischen Strömungsprofils einer in einem Rohr strömenden Flüssigkeit (Bild 4A). Diese stammt aus dem entsprechenden Physikerpraktikums und ist für die formale Herleitung des Hagen-Poiseuilleschen Gesetzes hilfreich. Da dieses in der Anleitung für Studierende mit Physik im Nebenfach über Proportionalitätsüberlegungen veranschaulicht wird, und das Strömungsprofil in der restlichen Anleitung nicht benötigt wird, wurde diese Abbildung weggelassen.

Um die Herleitung der Bewegungsgleichung für das Sinken einer Kugel in Öl zu motivieren, bedient sich die alte Version der Analogie eines Fallschirmspringers. Dieses Beispiel ist in dieser Form ungünstig gewählt, da die Luftreibung quadratisch mit der Geschwindigkeit zunimmt, im Gegensatz zum linearen Zusammenhang bei Newtonschen Flüssigkeiten. Daher finden sich in der neuen Anleitung in Kapitel I.4. zunächst andere Beispiele und erst zum Schluss ein vorsichtiger Hinweis auf diesen physikalisch ähnlichen Zusammenhang in Luft.

Die Entstehung der Oberflächenspannung

In diesem Kapitel wird eine neue Möglichkeit behandelt, um den Begriff der Oberflächenspannung einzuführen und deren Entstehung verständlich zu machen. Dieser Ansatz orientiert sich am Lehrbuch von Bergmann-Schaefer [13] und bietet eine neue Erklärung, die sich in keinem der gängigen Lehrbücher, insbesondere der alten Anleitung findet.

Kapitel I.4. (Seite 4A) der alten Anleitung beschäftigt sich mit der Oberflächenspannung. Dabei wird sowohl die spezifische Oberflächenenergie ϵ als auch die Oberflächenspannung σ eingeführt. Abb. 3.3 zeigt ein

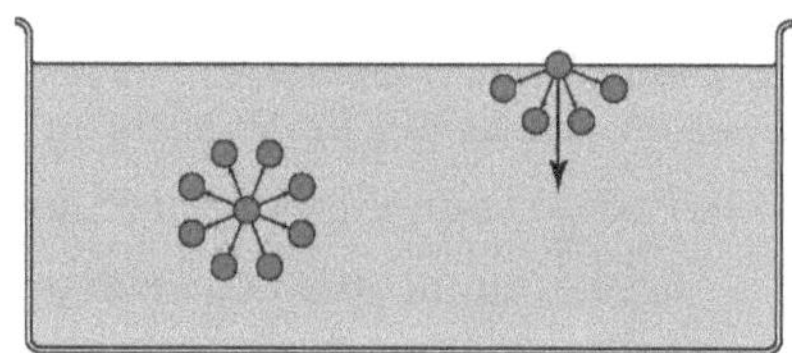

Abbildung 3.3.: Zur Entstehung der Oberflächenspannung

Bild aus der alten Anleitung, welches in ähnlicher Form auch z.B. in den Lehrbüchern von Trautwein et. al. [14], Haas [15] und Harms [16] verwendet wird. Dazu findet sich folgende Erklärung: „Auf ein Flüssigkeitsteilchen im Inneren eines Volumens werden von allen Nachbarn Anziehungskräfte ausgeübt, die sich aufgrund der Symmetrie gegenseitig aufheben. Befindet sich das Flüssigkeitsteilchen jedoch an der Oberfläche, so entfällt ein Teil dieser Kräfte (...) und eine ins Innere der Flüssigkeit gerichtete Kraft bleibt übrig“ [17].

Wenn ein Molekül aus dem Inneren an die Oberfläche der Flüssigkeit gebracht werden soll, muss es gegen die resultierende Kraft verschoben werden. Über die verrichtete Arbeit als „Energiezunahme pro Oberflächenzunahme“ $\epsilon = \Delta E/\Delta A$ wird die spezifische Oberflächenenergie ϵ eingeführt. Über das Kürzen der Einheiten $\mathrm{J/m^2} = \mathrm{N/m}$ wird in der alten Anleitung zur Oberflächenspannung σ übergeleitet. Die Vergrößerung einer Flüssigkeitslamelle in einem Drahtrahmen wird dabei zur Definition der Oberflächenspannung verwendet (Abb. 3.4).

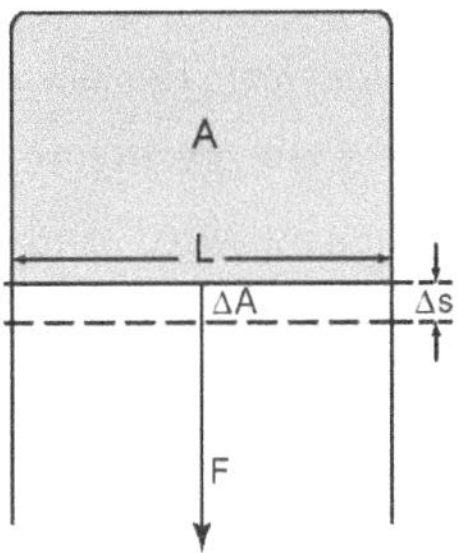

Abbildung 3.4.: Zur Definition der Oberflächenspannung

Ein Vergleich der beiden Abbildungen suggeriert, Abb. 3.3 würde den theoretischen Zusammenhang auf molekularer Ebene und Abb. 3.4 die experimentelle Realisierung einer Oberflächenvergrößerung zeigen. Wenn nicht genau zwischen beiden Abbildungen und den Begriffen Oberflächenspannung und spezifische Oberflächenenergie differenziert wird, entsteht leicht ein Widerspruch: Denn um die Oberfläche A in Abb. 3.4 zu vergrößern, wird eine Kraft nach unten, also tangential zur Oberfläche benötigt, während die aus Adhäsion und Kohäsion resultierende Kraft in die Zeichenebene von Abb. 3.4 zeigt. Ebenso ist es schwierig, den Studierenden in Abb. 3.3 eine Oberflächenvergrößerung in horizontaler Richtung verständlich zu machen, wenn die resultierende Kraft in der Oberfläche nach unten zeigt. Umgekehrt kann die spezifische Oberflächenenergie nur sinnvollerweise mit Abb. 3.3 begründet werden, da hier die Bewegungsrichtung eines Moleküls, das aus dem Inneren einer Flüssigkeit an deren Oberflächen gelangen soll, parallel zur resultierenden Kraft verläuft, während diese beiden Größen in Abb. 3.4 wieder senkrecht zueinander stehen.

Neben dieser didaktischen Schwäche der alten Anleitung enthält diese Erklärung einen systematischen Fehler. Wird ϵ mit obigem Modell berechnet, ergibt sich einen Zahlenwert, der etwa um den Faktor 10 zu groß ist [18]. Dies liegt daran, dass die geringere Dichte der oberflächennahen Schichten nicht berücksichtigt wird und deshalb dieses Modell nur eingeschränkt gültig ist. Trotz dieser Schwächen wird dieses vereinfachte Modell von allen gängigen Standardwerken und vorlesungsbegleitenden Büchern für Studierende der Physik sowohl im Neben- als auch im Hauptfach als Erklärung für die Oberflächenspannung verwendet. Einzige Ausnahme stellt hier das Buch „Lehrbuch der Experimentalphysik“ von Bergmann-Schaefer [13] dar.

In der neuen Anleitung fiel der Begriff der spezifischen Oberflächenenergie dem „Ockhamsschen Rasiermesser“ [19] zum Opfer: Da sich spezifische Oberflächenenergie und Oberflächenspannung beide auf den gleichen physikalischen Zusammenhang beziehen, sich aber in Erklärung und Formel unterscheiden, ist es sinnvoller, dem versuchsnahen Begriff den Vorzug zu geben. Um ein inhaltlich richtiges Modell für das Entstehen der Oberflächenspannung liefern zu können, wird im neuen Kapitel I.1. zunächst auf die Abhängigkeit der Kräfte vom Abstand zweier Moleküle eingegangen. Mit dem Wissen, dass aufgrund der thermischen Bewegung einzelne Flüssigkeitsmoleküle aus den oberflächennahen Schichten hinaus diffundieren, können die tangential zur Oberfläche wirkenden Kräfte erklärt und damit die Oberflächenspannung korrekt eingeführt werden.

3.2.3. Verwendung von Sprache und Bildern

Um die Verständlichkeit einer Versuchsanleitung zu wahren, ist zu hinterfragen, welche Fachausdrücke nötig sind, und welche einer genauen Erklärung bedürfen.

Der Begriff „infinitesimal" (Seite 1A) ist für einen Physiker verständlich. Jener wird in der Schule meist bei der Herleitung der Integrationsrechnung über Riemannsche Summen eingeführt und taucht in der Physik im Zusammenhang mit der Bewegungsgleichung $x(t)$ und deren Ableitungen auf. Um es für schwächere Schüler etwas leichter zu machen, wird dieser Begriff aber praktisch nicht verwendet, weshalb Studierende mit Physik als Nebenfach größtenteils Verständnisprobleme damit haben. Da nebenbei bemerkt Molekülschichten nicht infinitesimal dünn sind, ist es sinnvoller, auf diesen Begriff zu verzichten und sich auf kleine Unterschiede Δ zu beschränken.

In diesem Zusammenhang tauchen die Begriffe „Geschwindigkeitsgefälle" und „Geschwindigkeitsgradient" auf: „Die Kraft ist nicht zu der Geschwindigkeit v selbst proportional, sondern (...) zu deren Ableitung $\mathrm{d}v/\mathrm{d}x$. Diese beschreibt ein Geschwindigkeitsgefälle oder (...) einen Geschwindigkeitsgradienten" (Seite 1A). Diese Aussage kann leicht zu Verwirrung führen, da Bild 1A den Geschwindigkeitsverlauf $v(x)$ der Flüssigkeitsschichten einer Flüssigkeit zeigt, wenn sich darin eine Platte bewegt, während Bild 2A den Geschwindigkeitsgradienten $\mathrm{d}v/\mathrm{d}x$ darstellt. Die Tatsache, dass beide Bilder den gleichen Graph zeigen, suggeriert, $v(x)$ würde in Bild 2A nur anders genannt werden und habe dieselbe Bedeutung wie das Geschwindigkeitsgefälle $\mathrm{d}v/\mathrm{d}x$. An dieser Stelle ist auch der Hinweis, dass es sich bei einem Gradienten um eine Ableitung handelt, nicht weiter hilfreich, da die meisten Studierenden an dieser Stelle

$v(x)$ und $\mathrm{d}v/\mathrm{d}x$ als mathematisch notwendige aber nicht nachvollziehbare Schreibweise hingenommen und übersprungen haben.

In der neuen Anleitung findet sich in diesem Zusammenhang weder der Begriff der Ableitung noch des Gradienten. Die neue Fassung verzichtet auf das Einführungsbeispiel der alten Anleitung und erklärt molekular anschaulich das Zustandekommen der inneren Reibung einer Flüssigkeit.

Bei der Herleitung von Gl. (13A) für das Kugelfallviskosimeter findet sich zu Gl. (11A), (Seite 5A) folgende Formulierung: „Die Bewegungsgleichung lautet unter Berücksichtigung der Richtungen der Kräfte $F_{\mathrm{Gewicht}} - F_{\mathrm{Auftrieb}} - F_{\mathrm{Reibung}} = m\dot{v}$." Dabei wird weder die Bedeutung von $\dot{v}$ noch der Begriff „Bewegungsgleichung" erklärt. Da beide für die weiteren Erklärungen und Herleitungen nicht erforderlich und dem Verständnis eher abträglich sind, wurde in der neuen Anleitung darauf verzichtet.

Um das Hagen-Poiseuillesche Gesetz zu erarbeiten, wird ein „Gedankenexperiment" herangezogen. „Ein Gedankenexperiment ist ein gedankliches Hilfsmittel, um bestimmte Theorien zu untermauern, zu widerlegen, zu veranschaulichen oder weiter zu denken. Es wird dabei gedanklich eine Situation konstruiert, die real so nicht oder nur sehr schwer herzustellen ist (...). Sodann malt man sich im Geiste aus, welche Folgen sich aus dieser Situation ergeben, wenn man die Theorie auf die Situation anwendet. Gewissermaßen wird also ein Experiment in Gedanken simuliert. Ein Gedankenexperiment ist jedoch kein Experiment im eigentlichen Sinne. Letzteres beleuchtet Theorien durch empirische Anschauung von außen, ein Gedankenexperiment ist jedoch innerhalb der Theorie gefangen, der empirische Aspekt fehlt" [20]. Insofern ist die Verwendung dieses Ausdruckes falsch, da ein reales Experiment in Gedanken durchgeführt wird. Abgesehen davon fehlen Studierenden im Nebenfach im Regelfall die notwendigen physikalischen Kenntnisse, ein richtiges physikalisches Gedankenexperiment durchzuführen.

Da Bilder für Verständnis und Erinnerungsvermögen wichtig und hilfreich sind, sollten diese gezielt verwendet und damit die zentralen Punkte betont werden. Die Bilder 1A-3A zeigen im Wesentlichen nur den Verlauf einer strömenden Flüssigkeit und deren Einteilung in Schichten, ohne zum tieferen Verständnis der Physik beizutragen und wurden in der neuen Anleitung weggelassen. Bei den Abbildungen in der neuen Anleitung wurde auf übersichtliche Beschriftungen geachtet, so dass die sich darauf beziehenden Erklärungen gut nachvollziehbar sind. Gleichzeitig wurden jene möglichst schematisch gezeichnet und beispielsweise darauf verzichtet, wie in der alten Anleitung, Wassermoleküle blau einzufärben.

Detaillierte Abbildungen von Versuchsaufbauten werden von den Studierenden erfahrungsgemäß sehr genau für das Laborprotokoll abgemalt. Daher wurden bei den Abbildungen sowohl im Theorieteil als auch in der Gerätebeschreibung Stativaufbauten, Kästen, Rahmen und überflüssige farbliche Kennzeichnungen weggelassen. Durch diese Änderungen soll den Studierenden nahe gebracht werden, Zeichnungen und Skizzen auf die wesentlichen Merkmale und die zu messenden Größen zu beschränken. So wurde beispielsweise in Bild 11A zum Teilversuch Oberflächenspannung das Stativ und der Fein- und Grobtrieb für die Abreißmethode weggelassen. Stattdessen wurde die Kraft F als Pfeil eingezeichnet, um deutlich zu machen, woher die Messwerte für die Abreißkraft im Laborprotokoll stammen.

3.2.4. Herleitung von Formeln

Die Viskosität einer Flüssigkeit nimmt mit steigender Temperatur stark ab. Eine Gleichung, die diese Abhängigkeit beschreibt, kann nicht ohne weiteres hergeleitet werden. In [21] wird die Viskosität anhand von Eigenschaften der Flüssigkeitsmoleküle und deren Wechselwirkungen untereinander quantitativ bestimmt. Der Zusammenhang zwischen der Viskosität η und der Temperatur T wird durch Gl. (3A) in sehr guter Näherung beschrieben. Da aufgrund von Näherungen bei der Herleitung die stoffspezifischen Koeffizienten a und b nur näherungsweise aus den mikroskopischen Eigenschaften der Flüssigkeitsmoleküle berechnet werden können, müssen diese Werte empirisch bestimmt werden. Da die Abnahme der Viskosität im Versuch nicht quantitativ beschrieben werden muss, findet sich in der neuen Anleitung an Stelle von Gl. (3A) eine qualitative Beleuchtung des physikalischen Hintergrundes.

In der alten Anleitung wird die innere Reibung als Grund für die Abnahme der Geschwindigkeit der Flüssigkeitsschichten erwähnt, Gl. (1A) ohne Herleitung eingeführt und zur Erklärung in Worte gefasst. Anhand einer solchen zusätzlichen Verbalisierung lernen die Studierenden, eine Gleichung oder Formel in Worte zu fassen. Allerdings reicht dies allein nicht aus, um einen physikalischen Zusammenhang zu verstehen. Die Proportionalität zwischen innerer Reibung F_r und der Fläche A der aneinander vorbei gleitenden Flüssigkeitsschichten kann durch anschauliche Überlegungen leicht verständlich gemacht werden. Im Gegensatz zur alten Anleitung wird dies nicht mehr nur in einem eingeklammerten Nebensatz getan, sondern explizit darauf hingewiesen.

Das Hagen-Poiseuillesche Gesetz kann im Rahmen dieses Praktikums nicht formal richtig hergeleitet werden. Stattdessen wird dieses durch verschiedene Proportionalitätsüberlegungen erarbeitet, welche die Studierenden dazu anregen sollen, sich nicht nur diese Abhängigkeiten plausibel zu machen, sondern diese Methode auch selbst im Alltag anzuwenden. Dies kann beim Lösen von Fermi-Problemen und bei Erinnerungslücken in Klausuren hilfreich sein. Auch Dimensionsanalyse und Einheitenvergleich werden im Zusammenhang mit dem Hagen-Poiseuillesche Gesetz und der inneren Reibung verwendet. Von Schülern und Studierenden werden Einheiten häufig als störendes Beiwerk empfunden, die am Schluss einer Gleichung richtig hingerechnet werden müssen. An dieser Stelle sollen sie sehen, dass diese sehr hilfreich sein können. Sie liefern nebenbei bemerkt in Klausuren eine verlässliche Probe, denn ein falscher Lösungsweg liefert im Allgemeinen auch die falschen Einheiten für das Ergebnis.

4 Kapitel 4. Entwicklung eines neuen Teilversuchs zur Osmose

Die Flüssigkeitsmechanik spielt als Teilgebiet der Physik innerhalb der Life Sciences eine wichtige Rolle. Bisher behandelte der Versuch M1 für Studierende dieser Richtungen nur die Themen Viskosität und Oberflächenspannung. Um auch Vorgänge in der Natur wie Nährstofftransport, Wassertransport in Pflanzen, Turgordruck und Stoffwechselprozesse verstehen zu können, wurde im Rahmen dieser Studie dieser Versuch um einen Teilversuch zur Diffusion und Osmose erweitert.

Zu dieser Thematik findet sich eine Vielzahl qualitativer Versuche. Gefärbtes und ungefärbtes Wasser beginnen sich bei vorsichtiger Schichtung ohne Konvektion aufgrund von Diffusion zu vermischen. Die entwässernde Wirkung von Salz wird häufig in der Grundschule oder Unterstufe des Gymnasiums an Kartoffeln oder Radieschen gezeigt; Gummibärchen quellen in Wasser gelegt auf, reife Süßkirschen können während eines Sommerregens und Würste im heißen Wasser aufgrund von Osmose platzen. Anhand dieser Beispiele lassen sich diese physikalischen Phänomene zwar gut demonstrieren und motivieren, jedoch finden sich nur wenige Versuchsaufbauten, die eine zuverlässige quantitative Auswertung erlauben. Auf der Suche nach einem solchen Aufbau wurde das Praktikumsangebot verschiedener deutscher Universitäten verglichen, es stellte sich jedoch heraus, dass in der Regel kein derartiger Teilversuch in das entsprechende Praktikum aufgenommen wurde.

4.1. Die Pfeffersche Zelle

Versuchsaufbauten zur Messung des osmotischen Drucks werden als Osmometer bezeichnet. Das Grundprinzip ähnelt dem der Pfefferschen Zelle. Deren Erfinder Wilhelm Pfeffer (1845-1920) trennte wässrige Kupfersulfatlösung von wässriger Kaliumhexacyanoferratlösung durch einen Tonzylinder, in dessen Poren sich eine semipermeable Membran ausbildete. Den osmotischen Druck las er über ein Quecksilbermanometer ab. Jacobus Henricus van't Hoff (1852-1911) erhielt später für seine Theorie über verdünnter Lösungen, die auf den Arbeiten von Moritz Traube und Wilhelm Pfeffer aufbaute, 1901 den ersten Nobelpreis für Chemie [22]. Ein solches Osmometer erlaubt eine quantitative Auswertung. Der zwischen zwei Lösungen unterschiedlicher Konzentration an einer semipermeablen Membran herrschende osmotische Druck lässt sich entweder an einem Quecksilbermanometer ablesen, oder der Diffusionsstrom durch die Membran über die Steighöhe in einer Kapillare sichtbar machen.

4.1.1. Verschiedene Versuchsaufbauten

Auf der Suche nach einem solchen Versuchsaufbau wurde das Angebot verschiedener Firmen verglichen. Dabei fanden sich bei LD Didactic GmbH zwei unterschiedliche Versuchsaufbauten, die beide für den neuen Teilversuch geeignet erschienen. Diese werden im Folgenden kurz beschrieben und ein Versuchsablauf bei Verwendung von Wasser und einer Glucoselösung geschildert.

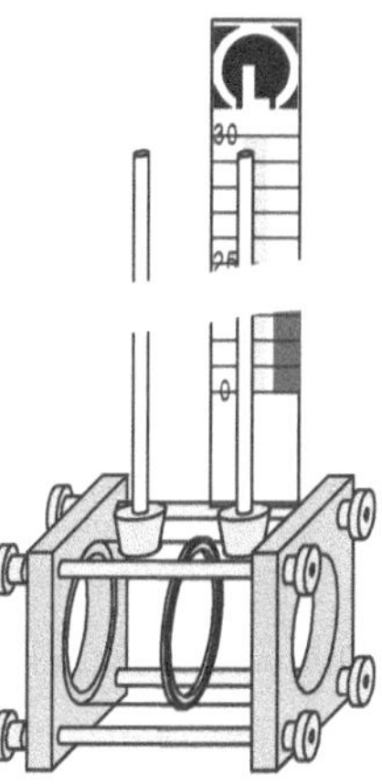

Abbildung 4.1.: Aufbau A [23].

Abb. 4.1 zeigt das Osmometer (Artikelnummer 662 403), das im Folgenden als Aufbau A bezeichnet wird. Die linke Kapillare (1) ist durch einen Gummipfropfen mit dem Vorratsgefäß (2) für Wasser verbunden. Dies wird durch eine semipermeable Membran (3) von der Glucoselösung (4) getrennt. Aufgrund des Konzentrationsunterschiedes diffundieren Wassermoleküle von der linken in die rechte Kammer, weshalb dort die Zahl der Moleküle zunimmt. Der Anstieg des Flüssigkeitsmeniskus in der zugehörigen Kapillare (5) kann mit Hilfe der dahinter befestigten Skala abgelesen werden.

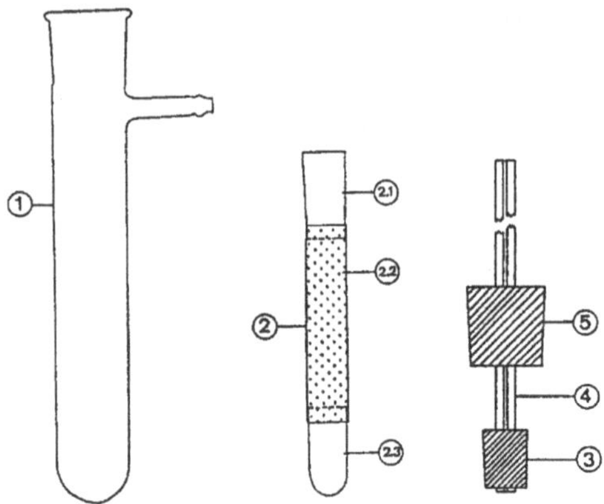

Abbildung 4.2.: Aufbau B [24].

Abb. 4.2 zeigt den zweiten Aufbau (Aufbau B) eines Osmometers (Artikelnummer 667 509). Ein Dialysierschlauch (2.2) wird auf eine Glashülle mit Stopfenbett (2.1) und einen Schlauchverschluss (2.3) aufgezogen. Nachdem dieser mit Glucoselösung gefüllt wurde, wird er mit dem kleinen Gummipfropfen (3), der auf die Kapillare (4) gesteckt wurde, verschlossen. Zuletzt wird dieser Aufbau in das mit Wasser gefüllte große Vorratsgefäß (1) gesenkt und mit dem großen Gummipfropfen (5) der Kapillare verschlossen. Der Anstieg der Flüssigkeit in der Kapillare zeigt den Diffusionsvorgang.

4.1.2. Testläufe mit den beiden Versuchsaufbauten

4.1.2.1. Theoretischer Hintergrund

Die Lehrbücher von Trautwein et. al., Haas und Harms beschränken sich bei der Beschreibung der Diffusion auf das Ficksche Gesetz und bei der

Osmose auf das van't Hoffsche Gesetz.

Für das Ficksche Gesetz gibt es mehrere äquivalente Schreibweisen. Dabei wird der Diffusionsstrom als transportierte Masse $\mathrm{d}m/\mathrm{d}t$ bzw. als transportierte Stoffmenge $\mathrm{d}n/\mathrm{d}t$ beschrieben. Dieser hängt vom Konzentrationsgradienten $\mathrm{d}\beta/\mathrm{d}x$ bzw. $\mathrm{d}c/\mathrm{d}x$, der Querschnittsfläche A und Diffusionskoeffizienten D ab.

$$\frac{\mathrm{d}m}{\mathrm{d}t} = -DA\frac{\mathrm{d}\beta}{\mathrm{d}x} \tag{4.1}$$

$$\frac{\mathrm{d}n}{\mathrm{d}t} = -DA\frac{\mathrm{d}c}{\mathrm{d}x} \tag{4.2}$$

Da Gl. (4.1) den Massenstrom pro Zeit angibt, wird das Massenkonzentrationsanstieg als „Änderung der Dichte pro Abstand" $[\mathrm{d}\beta/\mathrm{d}x] = \frac{\mathrm{kg}}{\mathrm{m}^3}/\mathrm{m}$ berechnet, während sich Gl. (4.2) auf die transportierte Stoffmenge n bezieht, weshalb hier gilt: $[\mathrm{d}c/\mathrm{d}x] = \frac{\mathrm{mol}}{\mathrm{m}^3}/\mathrm{m}$. Hier unterscheiden sich die verschiedenen Lehrbücher. Harms verwendet die molare Schreibweise [25], die von Haas zusätzlich als Teilchenstrom $j = -D\frac{\mathrm{d}c}{\mathrm{d}x}$ umformuliert wird [26]. Trautwein et. al. hingegen beziehen sich auf die transportierte Masse [27, 3. Auflage, 1983]. In dieser Version kann der Diffusionsstrom durch die semipermeable Membran ohne zusätzliches Umrechnen in Stoffmenge n ausgewertet werden. Deshalb wird sowohl im folgenden Text als auch in der Versuchsanleitung der Schreibweise von Gl. (4.1) der Vorzug gegeben.

Das van't Hoffsche Gesetz zur Berechnung des osmotischen Druckes lautet

$$p_{\mathrm{osm}}V = nRT. \tag{4.3}$$

Dabei ist n die Zahl der im Volumen V gelösten Mole, R die allgemeine Gaskonstante und T die Temperatur in Kelvin. Diese Gleichung beschreibt analog zur Zustandsgleichung idealer Gase den osmotischen Druck p_{osm}

für geringe Konzentrationen. Der Einfachheit halber beschränkt sich der folgende Text auf genau einen Lösungsstoff und ein Lösungsmittel. Wenn sich hingegen verschiedene Moleküle in einer Lösung befinden, ergibt sich der osmotische Druck aus der Summe der Einzeldrücke. Auf diesen Fall wird in den Lehrbüchern zwar meist kurz eingegangen, im Rahmen dieser Studie wird jedoch darauf verzichtet.

4.1.2.2. Möglichkeiten der Auswertung

Die Steiggeschwindigkeit und die Steighöhe der Wassersäule in der Kapillare von Aufbauten B werden im Folgenden abgeschätzt. Für Aufbau A gelten diese Überlegungen analog, allerdings müssen hier die Mengenangaben für die Glucoselösung entsprechend erhöht werden.
Für eine Glucoselösung aus 3 g Zucker in 30 ml Wasser ergibt sich bei Zimmertemperatur $T = 298\,\mathrm{K}$ folgender osmotischer Druck:

$$\begin{aligned} p_{\mathrm{osm}} V &= nRT \\ p_{\mathrm{osm}} &= 1{,}375 \cdot 10^6\,\mathrm{Pa}. \end{aligned}$$

Dieser Druck entspricht dem hydrostatischen Druck einer ca. 140 Meter hohen Wassersäule, der mit einem Quecksilbermanometer gemessen werden kann. Wenn ein solcher Druck aufgebracht werden soll, um den Vorgang der Osmose zu stoppen, wird eine Quecksilbersäule von ca. 10, 50 m benötig. Eine direkte Messung des osmotischen Druckes ist also nur mit modernen Manometern möglich.

Eine weitere Möglichkeit ist, solange zu warten, bis sich in der Kapillare ein Gleichgewicht zwischen osmotischem und hydrostatischem Druck einstellt. Dabei muss berücksichtigt werden, dass in Aufbau B die Konzentration der Lösung durch das einströmende Wasser verringert wird und Wasser in das Vorratsgefäß (1) nachgefüllt werden muss. Für die Berechnung der zum Zeitpunkt des Druckgleichgewichtes vorhandenen Konzentration der Lösung ist das Volumen der Wassersäule in der Kapillare (Durchmesser $2r = 1\text{mm}$) zum Volumen $V_0 \approx 30\text{cm}^3$ des mit Lösung gefüllten Dialysierschlauches zu addieren.

$$\begin{aligned} p_{\text{hydro}} &= p_{\text{osm}} \\ \Leftrightarrow \rho g h &= \frac{nRT}{V_0 + (0{,}5 \cdot 10^{-3}\text{m})^2 \pi \cdot h} \\ \Leftrightarrow h^2 \rho g \cdot (0,5 \cdot 10^{-3}\text{m})^2\ \pi + h\rho g V_0 - nRT &= 0 \end{aligned}$$

Für diese quadratische Gleichung ergeben sich folgende Lösungen:

$$h_1 = 56,61\,\text{m (und } h_2 = -94,71\,\text{m)}$$

Dass eine Steighöhe von 57 Metern experimentell nicht zu realisieren ist, leuchtet ein. Stattdessen ist es sinnvoll, die Konzentration zu senken. Für kleine Steighöhen kann die Volumenzunahme und damit die Konzentrationsabnahme vernachlässigt werden, und es gilt näherungsweise $h \propto m_{\text{Glucose}}$. Für eine Steighöhe von höchstens $h = 1\,\text{m}$ müsste für die Lösung statt 3 g weniger als 20 mg Glucose verwendet werden. Auch wenn das Abmessen solcher Massen mit einer geeigneten Waage keine Schwierigkeit darstellt, ergibt sich ein anderes Problem. Nach dem Fickschen Gesetz ist der Massenfluss proportional zum Konzentrationsunterschied an der Membran. Probeläufe mit Aufbau B ergaben für eine Lösung aus 3 g Zucker und 30 ml Wasser eine Steigrate von ca. 1 cm/min. Diese würde für den Fall einer maximalen Steighöhe von 1 m auf ca. 70 μm/min sinken. Damit würde der Flüssigkeitsmeniskus in der Kapillare während eines

Versuchstages in vier Stunden um maximal 1,7 cm steigen. Die durchgeführten Experimente haben gezeigt, dass diese Hochrechnung noch zu optimistisch ist, da es einige Zeit dauert, bis der Diffusionsvorgang voll einsetzt und gleichzeitig Wassermoleküle die Kapillare durch Verdunstung verlassen.

Aus diesem Grund kann das van't Hoffsche Gesetz für die Auswertung nicht verwendet werden kann. Es ist sinnvoller, mit höheren Konzentrationen zu arbeiten, um in relativ kurzer Zeit den Vorgang der Diffusion gut sichtbar machen und auswerten zu können.

4.1.2.3. Auswertung der Versuchsreihen

Es wurden mehrere Versuchsreihen mit beiden Aufbauten durchgeführt und für unterschiedlich konzentrierte Glucoselösungen die Steighöhe h in Abhängigkeit von der Zeit t gemessen. Die dazugehörigen Messtabellen mit Auswertung finden sich im Anhang ab Seite 106. Die molare Masse der verwendeten Glucose beträgt $M = 180,16\,\mathrm{g/mol}$.
Zunächst wurde die Steighöhe gegen die Zeit aufgetragen, um den linearen Zusammenhang zwischen diesen beiden Größen zu überprüfen und anschließend die Steigung dieser Geraden bestimmt. Um daraus mit dem Fickschen Gesetz eine Diffusionskonstante für dieses Experiment berechnen zu können, wird die Dicke Δx der Membran benötigt. Diese beträgt laut Aussage der Firma Leybold für beide Aufbauten $\Delta x = 20\,\mu\mathrm{m}$. Die Querschnittsfläche der Membran von Aufbau B beträgt $A_\mathrm{B} = (4,132 \pm 0,145) \cdot 10^{-3}\,\mathrm{m}^2$. Eine exakte Bestimmung der effektiven Membranfläche von A bereitet Probleme: Der äußere Rand wird von einer kreisringförmigen Gummidichtung bedeckt, welche jedoch nur locker aufliegt. Für die theoretische Gesamtfläche ergibt sich $A_\mathrm{A} = [(31,78 \pm 0,05)\,\mathrm{mm}]^2 \cdot \pi =$

$(3,172 \pm 0,002) \cdot 10^{-3}\,\text{m}^2$, die „freie“ Membranfläche beträgt hingegen nur $A_\text{A} = [(23,23 \pm 0,05)\,\text{mm}]^2 \cdot \pi = (1,695 \pm 0,007) \cdot 10^{-3}\,\text{m}^2$. Da diese Gummidichtung beide Seiten der Membran bedeckt und so den Massenstrom stark behindert, wird letzterer Wert für die weiteren Berechnungen verwendet. Die damit berechneten Werte für D der Messungen A1-A4 mit Aufbau A und B1-B11 mit Aufbau B sind auf Seite 106 tabelliert. Es ergab sich folgendes:

Bei den ersten Durchführungen mit Aufbau B wurde die semipermeable Membran jeweils nach dem Ablauf eines Durchlaufes mit Wasser gereinigt, um Glucosereste zu entfernen. Allerdings wurde die Messung mit trockener Membran begonnen. Dies hat zur Folge, dass der Vorgang der Diffusion zunächst langsam einsetzt und sein Maximum erst nach circa 10 Minuten erreicht. Dies lässt sich gut an den Graphen der Messungen B1 und B4 erkennen. Die Messdauer betrug 20 bzw. 25 Minuten, der Diffusionsvorgang erreichte aber erst nach einer anfänglichen Verzögerung sein Maximum. Um diesen Effekt gesondert zu untersuchen, wurden die Messungen B5 und B9 mit trockener Membran begonnen und auf 10 Minuten beschränkt. Die daraus berechnete Diffusionskonstante $D \approx 6,2 \cdot 10^{-12}\,\text{m}^2/\text{s}$ ist wie zu erwarten etwas kleiner als in den restlichen Abläufen.

Wie wichtig das Entfernen von Glucoseresten ist, zeigen die Messungen B4, B6, B9, B10 und B11. In der Kapillare von Aufbau B bildete sich nach einigen Messungen bei $h \approx 15\,\text{cm}$ ein kleiner Glucoseeinschluss, der sich dadurch bemerkbar macht, dass sich das Ansteigen des Flüssigkeitsmeniskus an dieser Stelle verlangsamt, um nach ein bis zwei Minuten sprungartig anzusteigen. Der Knick in den Graphen der Messreihen zeigt dies sehr deutlich. Daher wurde die Arbeitsanweisung, den Aufbau auch nach der Messung zu reinigen, in die Anleitung übernommen, um zu gewährleisten, dass die Glucoselösung vollständig entfernt wird und keine Rückstände eintrocknen können.

Aus den Messungen mit Aufbau B ergibt sich ein mittlerer Wert von $D \approx 7,34 \cdot 10^{-12}\,\mathrm{m}^2/\mathrm{s}$. Der Fehler des Mittelwertes beträgt dabei 3,8%. Es erscheint sinnvoll, dabei die Messungen B4, B5 und B9 zu vernachlässigen, da die trockene Membran einen systematischen Fehler darstellt. Damit ergibt sich: $D \approx 7,77 \cdot 10^{-12}\,\mathrm{m}^2/\mathrm{s}$, der Fehler ist mit 3,2% jedoch nur unwesentlich kleiner.

Die mit Aufbau B bezüglich Reinigung und Vorbereitung gesammelten Erfahrungen wurden für Aufbau A umgesetzt. Für die Diffusionskonstante ergibt sich aus den Messungen A1-A4 ein Wert von $D = 8,03 \cdot 10^{-13}\,\mathrm{m}^2/\mathrm{s}$, der Fehler des Mittelwertes beträgt hier 3,0%.
Die berechnete Diffusionskonstante für Aufbau B ist demnach 9,2 mal so groß wie die von A.

Augenscheinlich kann es sich bei den beiden Aufbauten nicht um die gleichen Membranen handeln. Da sich die Werte für die Dicke vergleichbarer semipermeabler Membranen jedoch höchstens um den Faktor drei unterscheiden, kann ein Unterschied vom Faktor 9 nur über unterschiedliches Membranmaterial und insbesondere über kleinere Porengröße begründet werden. Die Membrandicke von $\Delta x = 20\,\mu\mathrm{m}$ für Aufbau B wurde von der Zulieferfirma Serva bestätigt. Da Aufbau A nicht von Leybold selbst produziert wird, sondern fertig aufgebaut von einer anderen Firma bezogen wird, konnten keine genaueren Daten über die Membran dieses Aufbaus herausgefunden werden.

4.1.3. Vorteile der verschiedenen Versuchsaufbauten

Der erweiterte Praktikumsversuch M1 soll zukünftig mit Aufbau B durchgeführt werden. Für diese Variante sprechen mehrere Gründe praktischer und finanzieller Natur:

Auch wenn für Aufbau B noch zusätzliches Stativmaterial (Stativstange, Halterung, Messskala) im Wert von ca. 25 Euro gekauft werden muss, liegen die Anschaffungskosten bei insgesamt 61,19 Euro, während Aufbau A mit 206,48 Euro dreimal so teuer ist. Der jeweilige Praktikumsbetreuer sollte kurzfristig eine Membran austauschen können, wenn diese während des Versuches beschädigt wird. Dies ist bei dem stabiler konzipierten Aufbau A relativ schwierig, da hier der gesamte Versuchsaufbau zerlegt werden muss. Für B können einige Membranen vorrätig auf die zugehörigen Glasröhren aufgezogen und während eines Versuchstages leicht ausgetauscht werden.

Für eine Glucoselösung mit $\beta \approx 0,1\,\mathrm{g/cm^3}$ wird aufgrund der größeren Kammern von A etwa 10 g Zucker benötigt, während für B 3-4 g ausreichen. Das Einfüllen ist bei Letzterem wegen der besseren Zugänglichkeit leichter, während bei A häufig ein Teil der Lösung verschüttet wird. Bei vergleichbaren Konzentrationen ist der Massenstrom im Versuchsaufbau A (25-30)-mal kleiner als in B. Dies zeigt ein Vergleich der zu den Graphen der entsprechenden Messreihen bestimmten Steigungen, da diese proportional zum jeweiligen Massenstrom sind. Während also Aufbau B bei einer Messdauer von 10 Minuten bereits gut auswertbare Messwerte liefert, reicht diese Zeit für die Variante A nicht aus. Da diese mindestens 30 Minuten benötigt, sprengt dies den zeitlichen Rahmen dieses Praktikums, da der neue Teilversuch insgesamt höchstens eine halben Stunde dauern sollte.

Vor und nach der Versuchsdurchführung muss der Aufbau gereinigt werden, um Glucosereste zu entfernen. Die Kammern und die Membran sind in Aufbau A jedoch schwer zugänglich und zu säubern. Die Reinigung von B fällt leichter, da dieser im Gegensatz zu A sehr leicht auseinander gebaut werden kann.

Aus diesem Grund ist auch die Bestimmung der Fläche der Membran von Aufbau B sehr leicht. Für A wäre es sinnvoller, den Studierenden diesen Wert vorzugeben, da eine exakte Messung nur bei vollständiger Zerlegung des Aufbaus möglich ist.

4.2. Verfassen der entsprechenden Teile in der neuen Anleitung

Der Theorieteil zum Teilversuch Diffusion/Osmose beschränkt sich neben einer anschaulichen Erklärung der Begriffe auf die Gleichung für das Ficksche Gesetz. Bei der Einführung des Massenstroms wurde $\mathrm{d}m/\mathrm{d}x$ durch die Schreibweise mit endlichen Größen $\Delta m/\Delta x$ ersetzt. Obwohl beim Fickschen Gesetz der Massenstrom infinitesimal betrachtet werden müsste, gilt $\mathrm{d}m/\mathrm{d}x = \Delta m/\Delta x$, da der Diffusionsvorgang durch die semipermeable Membran in Teilversuch 4 näherungsweise linear verläuft und in diesem Fall Differenzenquotient und Differentialquotient identisch sind. Für den Verlauf des Konzentrationsanstiegs wurde ebenfalls auf eine infinitesimale Unterteilung verzichtet. Anstelle dessen wird dieser durch $\Delta\beta/\Delta x$ genähert und der Zusammenhang durch Proportionalitätsüberlegungen plausibel gemacht.

Für Flächen wird üblicherweise der Buchstabe A verwendet. Auch wenn die Querschnittsfläche für das Ficksche Gesetz in den gängigen Büchern

mit q bezeichnet wird, wurde der intuitiveren Formulierung mit der Bezeichnung A für die Fläche der Vorzug gegeben. Auf das van't Hoffsche Gesetz wird komplett verzichtet, da es für die Auswertung nicht benötigt wird.
Für die Anleitung zur Durchführung des Teilversuches wurden Erfahrungen, die aus den verschiedenen Messreihen stammen, mit einbezogen. Auf das Problem der Glucoserückstände wird daher gezielt hingewiesen.

Während die Theorieteile für die Studierenden der verschiedenen Fachrichtungen identisch sind, unterscheidet sich die Anleitung in der Auswertung für diesen Teilversuch. Das Thema „Osmosekraftwerke“, das den meisten unbekannt sein dürfte, bietet sich aufgrund der Aktualität an. Daher können die Studierenden der Geowissenschaften oder mit Nebenfach Physik in der Auswertung die Leistung ihres „Kraftwerkes“ bestimmen. Neben dem Potential, das in dieser Technologie steckt, wird auch das Problem der Größe der Membranen deutlich (vgl. dazu Kap. 6, Seite 95).

In der alternativen Auswertung soll zunächst der lineare Zusammenhang zwischen Massenstrom und Zeit bestätigt werden. Ursprünglich sollte über die Steigung dieser Geraden eine Diffusionskonstante für den Massenstrom durch die Membran bestimmt werden und mit einem gegebenen Wert verglichen werden. Dabei ergaben sich folgende Probleme:
Der Literaturwert für Diffusion von Glucose in Wasser $D = 6,7 \cdot 10^{-10}\ \mathrm{m}^2/\mathrm{s}$ [28] kann hier nicht verwendet werden, denn dieser bezieht sich zum einen auf freie und nicht durch eine Membran stattfindende Diffusion, und gilt insbesondere nur für geringe Konzentrationen, was für $\beta \approx 0,1\,\frac{\mathrm{g}}{\mathrm{cm}^3}$ nicht mehr gegeben ist. Für Lösungen, wie sie im Experiment verwendet werden, gibt es zwar von den Produzenten der Membranen Richtwerte ($D = (3,4 \pm 0,2) \cdot 10^{-11}\,\frac{\mathrm{m}^2}{\mathrm{s}}$), jedoch weichen die experimentell bestimmten Werte für die verwendete Glucoselösung um den Faktor 4-5 ab.

Neben diesen Schwierigkeiten, einen Vergleichswert zu finden, stellt ein Diffusionskoeffizient eine relativ unanschauliche Größe dar. Deshalb werden die Studierenden bis auf weiteres die Permeabilität der Membran und daraus die mittlere Zeit, die ein Wassermolekül benötigt, um die Membran zu passieren, bestimmen. Diese Zeit beträgt circa eine Minute und zeigt den Studierenden, wie langsam solch ein Diffusionsprozess abläuft. Desweiteren wird an dieser Größe sofort ersichtlich, dass mit der Messung erst einige Minuten nach Start des Experiments begonnen werden darf, da sich sonst noch kein konstanter Massenstrom eingestellt hat.

Kapitel 5.

5 Hinweise für den Betreuer

Das Physikpraktikum für Studierende der Life Sciences findet derzeit während des Semesters zwei- bis dreimal wöchentlich statt. Dabei begleiten die Betreuer jeweils zwei Gruppen durch den halben Versuchskanon des Praktikums. Alternativ könnte auch ein Betreuer immer denselben Versuch und unterschiedliche Gruppen betreuen. Dies ist für diese Studienrichtungen aus organisatorischen Gründen jedoch schwierig. Auch wenn die Betreuer die Inhalte der jeweiligen Versuche in selbst durchgeführten Praktika und Vorlesungen erarbeitet haben, stellt der wöchentliche Wechsel für unerfahrene Betreuer eine Herausforderung dar. Da zwar Erfahrungen mit den grundsätzlichen Problemen der Studierenden mit der Physik bekannt sind, die im Zusammenhang mit den einzelnen Teilversuchen auftretenden Schwierigkeiten aber erst während des laufenden Praktikums offensichtlich werden, ist eine zusätzliche Hilfestellung sinnvoll. Deshalb wird den Betreuern folgendes Dokument an die Hand gegeben. In diesem werden typische Fehler angesprochen und ergänzende Hinweise zu Theorie und Versuchsdurchführung gegeben. Für das Vortestat, das die Studierenden am Ende der Versuchsdurchführung erhalten, muss das anzufertigende Laborprotokoll inhaltlich vollständig sein. Um dies zu kontrollieren, hilft ein Musterprotokoll, das die Korrektur der Auswertung für das Abtestat ebenfalls erleichtert.

5.1. Vorbemerkungen

Zur Vorbesprechung:
Der inhaltliche Aufbau der Stichwortliste zu diesem Versuch entspricht der Abfolge der vier Teilversuche. In der Vorbesprechung sollen die einzelnen Teilversuche von den Studierenden vorgestellt und anhand der Aufbauten die wichtigsten physikalischen Zusammenhänge wiederholt werden.

Hinweise zur Theorie:

- Die wirkenden Kräfte zwischen den Molekülen einer Flüssigkeit werden durch das Lennard-Jones-Potential beschrieben. Eine Verkleinerung des Abstandes führt zu einer abstossenden, eine Vergrößerung zu einer anziehenden Kraft zwischen den Molekülen.

- Bei turbulenter Strömung treten Verwirbelungen auf, weshalb der Strömungswiderstand zunimmt. Ob laminare oder turbulente Strömung vorliegt, kann durch die Reynoldszahl berechnet werden.

- Die Reibungskraft der Luft, die auf einen Fallschirmspringer wirkt, nimmt quadratisch mit der Geschwindigkeit zu.

- Die Vorüberlegung zum Hagen-Poiseuilleschen Gesetz können auch für die Elektrizitätslehre als Modell für Spannung und Stromfluss verwendet werden.

- In allen gängigen Lehrbüchern wird die Oberflächenspannung gemäß Abb. 5.1 erklärt. Diese Erklärung ist so nicht richtig, da die geringere Dichte der oberflächennahen Schichten vernachlässigt wird. Desweiteren ist sie aus didaktischer Sicht nicht ideal, da nach Abb. 5.1 eine Kraft ins Innere der Flüssigkeit wirkt, während für eine Oberflächenvergrößerung eine Kraft tangential zur Oberfläche benötigt wird.

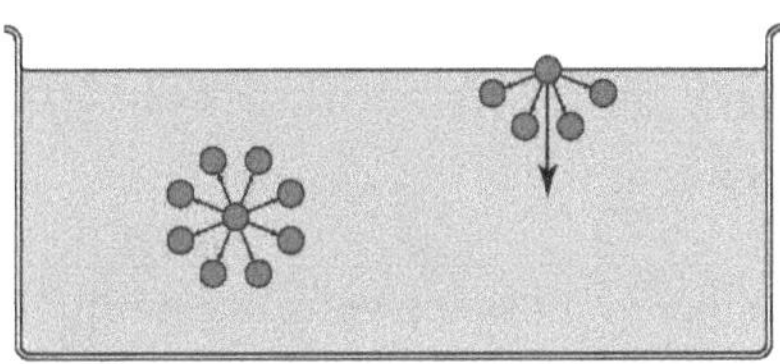

Abbildung 5.1.: Klassische „Erklärung“ für die Entstehung der Oberflächenspannung

- Bei einer Glucoselösung aus 3 g Glucose und 30 ml Wasser erhält man einen osmotischen Druck von $p_{\text{osm}} = 1,375 \cdot 10^6\,\text{Pa} \cdot \text{s}$. Dieser Druck entspricht dem hydrostatischen Druck einer 140 Meter hohen Wassersäule!

Hinweise zum Versuchsablauf:

- Für das Kugelfallviskosimeter stehen kleine Kugeln ($2r = 1\,\text{mm}$) und große Kugeln ($D = 2r\,\text{mm}$) zur Verfügung. Für dieses Praktikum werden nur die kleinen Kugeln benötigt.

- Die digitalen Messschieber sollten kurz erklärt werden.

- Beim Ablesen der Dichte von Öl am Aräometer ist die Einteilung der Skala genau zu beachten.

- Die kleine Spritzflasche für Teilversuch 2 darf nicht bis oben hin gefüllt werden, da sonst die Waage „error“ anzeigt.
- Erfahrungsgemäß werden bei der Umrechnung von g/cm^3 in kg/m^3 häufig Fehler gemacht.
- Die Wasserstrahlpumpe zum Reinigen der Kapillare befindet sich im Waschbecken im Praktikumsraum.
- Als Überlaufgefäß für Teilversuch 4 ist die Glasschale aus Teilversuch 3 zu verwenden.
- Der Dialysierschlauch muss bis ganz oben mit Glucoselösung gefüllt werden, da es sonst länger dauert, bis der Flüssigkeitsminiskus in der Kapillare sichtbar wird.
- Sollten sich während der Messung einzelne Lufteinschlüsse in der Kapillare befinden, kann die Messung trotzdem durchgeführt werden. Allerdings muss darauf geachtet werden, die Steighöhe immer am selben Flüssigkeitsminiskus abzulesen.

5.2. Musterprotokoll

5.2.1. Kugelfallviskosimeter

Unterschied dünnes/dickes Rohr: Beim dünnen Rohr ist der Abstand zwischen Wand und Kugel viel kleiner als im dicken Rohr, wodurch die Idealisierung einer „unendlich weit“ ausgedehnten Flüssigkeit nicht mehr gegeben ist. Die Kugel wird durch die Nähe der Wand stärker abgebremst und sinkt daher langsamer.

Durchmesser der Kugel:	$2r = (1,01 \pm 0,01)\,\mathrm{mm}$
Fallstrecke:	$s = 79,0\,\mathrm{cm}$
Fallzeit der Kugeln im dicken Rohr:	$t_1 = 185,70\,\mathrm{s}$, $t_2 = 188,75\,\mathrm{s}$, $t_3 = 187,12\,\mathrm{s}$
Fallzeit der Kugel im dünnen Rohr:	$t = 215,24\,\mathrm{s}$
Dichte des Öls:	$\rho = 0,971\,\mathrm{g/cm^3}$
Temperatur des Aräometers:	$T = 21,5\,°\mathrm{C}$

Temperatur des Aräometers: Die Temperatur T im Versuchsaufbau kann bei Aufbauten am Fenster im Winter aufgrund der Heizung und im Sommer aufgrund der Sonneneinstrahlung höher als im Aräometer sein. Daher besteht die Gefahr, dass der falsche Vergleichswert am Graphen abgelesen wird.

5.2.2. Kapillarviskosimeter

1. Messung:

Höhe der Flüssigkeitssäule:	$h_1 = 40,0\,\mathrm{cm}$	$h_0 = 8,7\,\mathrm{cm}$
Masse der Spritzflasche:	$m_{\text{vorher}} = 119,25\,\mathrm{g}$	$m_{\text{nachher}} = 81,22\,\mathrm{g}$
Messdauer:	$t_1 = 302,13\,\mathrm{s}$	
Temperatur des Wasserbades:	$T = 21,5\,°\mathrm{C}$	

2. Messung:

Höhe der Flüssigkeitssäule:	$h_1 = 28,8\,\text{cm}$	$h_0 = 8,7\,\text{cm}$
Masse der Spritzflasche:	$m_{\text{vorher}} = 81,22\,\text{g}$	$m_{\text{nachher}} = 53,68\,\text{g}$
Messdauer:	$t_2 = 301,77\,\text{s}$	
Temperatur des Wasserbades:	$T = 21,4\,°\text{C}$	

5.2.3. Messung der Oberflächenspannung

Gewichtskraft des Ringes:	$F_g = (52,0 \pm 0,5)\,\text{mN}$
Abreißkraft:	$F_1 = 80,0\,\text{mN}$, $F_2 = 79,5\,\text{mN}$, $F_3 = 80,0\,\text{mN}$, $F_4 = 80,0\,\text{mN}$, $F_5 = 79,5\,\text{mN}$
Radius des Ringes:	$2r_1 = 61,24\,\text{mm}$, $2r_2 = 61,18\,\text{mm}$, $2r_3 = 61,23\,\text{mm}$

5.2.4. Osmometer

Oberfläche der Membran	$2r_M = (1,685 \pm 0,005)\,\text{cm}$, $h_M = (7,805 \pm 0,005)\,\text{cm}$
Herstellung der Glucoselösung:	$m_{Glucose} = (3,18 \pm 0,01)\,\text{g}$, $m_{Wasser} = (31,50 \pm 0,01)\,\text{g}$
Wartezeit bis zum Start der Messung:	Nach circa fünf Minuten verläuft der Anstieg in der Kapillare linear.

t/min	0	1	2	3	4	5
h/cm	11,15	12,2	13,35	14,3	15,6	16,5

t/min	6	7	8	9	10
h/cm	17,7	18,7	19,55	20,6	21,7

Tabelle 5.1.: Steighöhe in der Kapillare ($\Delta h = 0,05\,\text{cm}$).

5.3. Auswertung

5.3.1. Kugelfallviskosimeter

Mittlere Fallzeit mit Abweichung: $\bar{t} = 187,2s \pm 1,6\,\text{s}$
Mittlere Geschwindigkeit: $\bar{v} = s/\bar{t} = (4,22 \pm 0,04) \cdot 10^{-3}\,\text{m/s}$
Damit ergibt sich für die Viskosität von Öl:

$$\eta = \frac{2 \cdot 9,81\,\text{N/kg} \cdot (0,505 \cdot 10^{-3}\,\text{m/s})^2}{9 \cdot 4,22 \cdot 10^{-3}\,\text{m/s}} \cdot (7900\,\text{kg/m}^3 - 971\,\text{kg/m}^3) = 0,913\,\text{Pa}\cdot\text{s}$$

Der relative Fehler von η beträgt

$$\frac{\Delta\eta}{\eta} = \frac{1,6\,\text{s}}{187,2\,\text{s}} + 2 \cdot \frac{0,01\,\text{mm}}{1,01\,\text{mm}} = 2,9\,\%.$$

$$\Rightarrow \eta = (0,913 \pm 0,026)\,\text{Pa} \cdot \text{s}$$

Der am Graphen abgelesene Literaturwert für $T = 21,5\,°\text{C}$ beträgt $\eta = (0,87 \pm 0,02)\,\text{Pa}\cdot\text{s}$. Innerhalb der Fehlergrenzen stimmen diese Werte überein.

Eine Temperaturdifferenz zwischen gemessener Temperatur und tatsächlicher Temperatur im Versuchsaufbau von $\Delta T = 0,5\,°\text{C}$ hätte eine Abweichung des Literaturwertes von ca. 5% zur Folge. Gerade im Sommer kann diese Differenz auch über 1 °C betragen. Bei dieser Messung war dies nicht der Fall.

5.3.2. Kapillarviskosimeter

1. Messung:

Druckunterschied:

$$\Delta p_1 = 1000\frac{\text{kg}}{\text{m}^3} \cdot 9,81\frac{\text{N}}{\text{kg}} \cdot (0,40\,\text{m} - 0,087\,\text{m}) = 3070,53\,\text{Pa}$$

Durchgeflossenes Flüssigkeitsvolumen:

$$\Delta V_1 = \frac{\Delta m_1}{\rho} = \frac{(119,25 \cdot 10^{-3}\,\text{kg} - 81,22 \cdot 10^{-3}\,\text{kg})}{1000\,\text{kg/m}^3} = 38,03 \cdot 10^{-6}\,\text{m}^3$$

Damit ergibt sich für die Viskosität von Wasser:

$$\eta = \frac{\pi}{8} \cdot \frac{r^4 \cdot \Delta p \cdot \Delta t}{L \cdot \Delta V}$$

$$\eta_1 = \frac{\pi}{8} \cdot \frac{(0,4 \cdot 10^{-3}\,\text{m})^4 \cdot 3070,53\,\text{Pa} \cdot 302,13\,\text{s}}{0,24\,\text{m} \cdot 38,03 \cdot 10^{-6}\,\text{m}^3} = 1,022\,\text{mPa} \cdot \text{s}$$

2. Messung:

Druckunterschied:

$$\Delta p_2 = 1971,81\,\text{Pa}$$

Durchgeflossenes Flüssigkeitsvolumen:

$$\Delta V_2 = 27,54 \cdot 10^{-6}\,\text{m}^3$$

Damit ergibt sich für die Viskosität von Wasser:

$$\eta_2 = 0,905\,\text{mPa} \cdot \text{s}$$

$$\overline{\eta} = (1,022 + 0,905)/2\,\mathrm{mPa \cdot s} = 0,964\,\mathrm{mPa \cdot s}$$

$$\Rightarrow \eta = (0,964 \pm 0,059)\,\mathrm{mPa \cdot s}$$

Der Mittelwert für die Literaturwerte bei $T = 20\,°\mathrm{C}$ und $T = 21\,°\mathrm{C}$ beträgt
$\eta = 0,961$ mPa·s. Innerhalb der Fehlergrenzen deckt sich das Messergebnis mit diesem Wert.

5.3.3. Messung der Oberflächenspannung

Berechnung der Mittelwerte:
$\overline{2r} = (61,22 \pm 0,03)\,\mathrm{mm}$
$\overline{F} = (79,8 \pm 0,3)\,\mathrm{mN}$
Damit ergibt sich für die Oberflächenspannung von Wasser:

$$\sigma = \frac{79,8\,\mathrm{mN} - 52,0\,\mathrm{mN}}{2 \cdot 0,06122\,\mathrm{m} \cdot \pi} = 72,3\,\mathrm{mN/m}$$

$$\sigma_{\mathrm{max}} = \frac{80,0\,\mathrm{mN} - 51,5\,\mathrm{mN}}{2 \cdot 0,06118\,\mathrm{m} \cdot \pi} = 74,1\,\mathrm{mN/m}$$

$$\sigma_{\mathrm{min}} = \frac{79,5\,\mathrm{mN} - 52,5\,\mathrm{mN}}{2 \cdot 0,06124\,\mathrm{m} \cdot \pi} = 70,2\,\mathrm{mN/m}$$

$$\Rightarrow \Delta\sigma = 2,0\,\mathrm{mN/m}$$

Damit deckt sich das Ergebnis für $\sigma = (72,3 \pm 2,0)\,\mathrm{mN/m}$ innerhalb der Fehlergrenzen mit dem Literaturwert $\sigma = 72,8\,\mathrm{mN/m}$.

Folgende Ursachen können die Oberflächenspannung senken und damit das Ergebnis nach unten verfälschen:
Bei Verunreinigung durch Ethanol sinkt die gemessene Abreißkraft um

1 mN. Fett, z.B. von den Fingern, kann diese um bis zu 3 mN senken.
Bei unvorsichtigem Messen der Gewichtskraft des Aluringes können die Fäden nass werden, wodurch das Messergebnis um (2 − 4) mN erhöht und damit das Ergebnis für σ gesenkt wird.
Die Temperaturabhängigkeit von σ kann, verglichen mit den Fehlern durch Verunreinigungen, vernachlässigt werden: $\sigma(25\,°\mathrm{C}) = 72{,}0\,\mathrm{mN/m}$, $\sigma(30\,°\mathrm{C}) = 71{,}3\,\mathrm{mN/m}$

5.3.4. Osmometer

a) Osmosekraftwerk:

Die verrichtete Arbeit des „Kraftwerkes" beträgt:

$$W = \frac{1}{2} \cdot (0{,}5 \cdot 10^{-3}\,\mathrm{m})^2 \cdot \pi \cdot 10^3\,\mathrm{kg/m^3} \cdot 9{,}81\,\mathrm{N/kg} \cdot$$
$$\cdot \left\{[(0{,}2170 \pm 0{,}0005)\,\mathrm{m}]^2 - [(0{,}1115 \pm 0{,}0005)\,\mathrm{m}]^2\right\} = (1{,}34 \pm 0{,}03) \cdot 10^{-4}\,\mathrm{J}$$

Die Leistung beträgt damit:

$$P = W/t = (1{,}34 \pm 0{,}03) \cdot 10^{-4}\,\mathrm{J}/600\,\mathrm{s} = (223 \pm 5)\,\mathrm{nW}$$

Die Fläche der Membran beträgt: $A_\mathrm{M} = 2r \cdot \pi \cdot l = (4{,}13 \pm 0{,}15) \cdot 10^{-3}\,\mathrm{m}^2$
Die Fläche der Membran des großen Kraftwerkes erhält man mittels Dreisatz:

$$\begin{aligned}
(4{,}13 \pm 0{,}15) \cdot 10^{-3}\,\mathrm{m}^2 &\mathrel{\hat=} (223 \pm 5)\,\mathrm{nW} \\
x &\mathrel{\hat=} 1\,\mathrm{W} \\
\frac{x}{(4{,}13 \pm 0{,}15) \cdot 10^{-3}\,\mathrm{m}^2} &= \frac{1\,\mathrm{W}}{(223 \pm 5)\,\mathrm{nW}} \\
\Rightarrow x &= (1{,}85 \pm 0{,}11) \cdot 10^4\,\mathrm{m}^2
\end{aligned}$$

b) Ficksches Gesetz

Aus dem Graph ergibt sich die mittlere Höhenänderung pro Zeit:

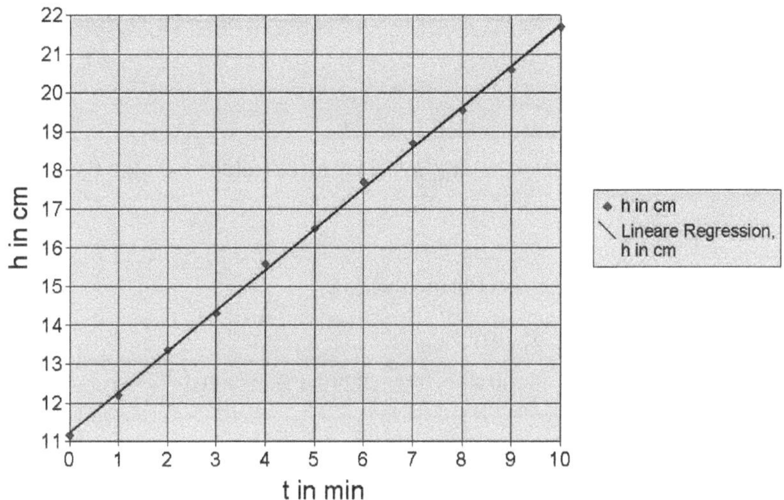

Abbildung 5.2.: Steighöhe h gegen Zeit t

$a = (1,05 \pm 0,07)\,\mathrm{cm/min}.$

Damit erhält man das pro Minute hochströmende Volumen V:
$V = r^2 \cdot \pi \cdot a = (0,5 \cdot 10^{-3}\,\mathrm{m})^2 \cdot \pi \cdot (1,05 \pm 0,07) \cdot 10^{-2}\,\mathrm{m} = (8,25 \pm 0,55) \cdot 10^{-9}\,\mathrm{m}^3$
Die Masse dieses Flüssigkeitvolumens beträgt $m = (8,25 \pm 0,55) \cdot 10^{-6}\,\mathrm{kg}$.
Die Fläche der Membran beträgt: $A_\mathrm{M} = 2r \cdot \pi \cdot l = (4,13 \pm 0,15) \cdot 10^{-3}\,\mathrm{m}^2$

Der Konzentrationsunterschied beträgt
$\Delta\beta = 3,18\,\mathrm{g}/31,50\,\mathrm{cm}^3 = 101\,\mathrm{kg/m}^3$. Der Größtfehler beträgt 0,35 %.

Damit erhält man für die Permeabilität:

$$K_\mathrm{P} = \frac{\Delta m}{\Delta t} \cdot \frac{1}{q \cdot \Delta\beta} = \frac{8,27 \cdot 10^{-6}\,\mathrm{kg}}{60\,\mathrm{s}} \cdot \frac{1}{4,132 \cdot 10^{-3}\,\mathrm{m}^2 \cdot 101\,\frac{\mathrm{kg}}{\mathrm{m}^3}} = 3,30 \cdot 10^{-7}\,\frac{\mathrm{m}}{\mathrm{s}}$$

Der Größtfehler beträgt 10,6 %.

Die mittlere Zeit t, die ein Wassermolekül benötigt, um die Membran zu passieren, beträgt:

$$\frac{D}{\Delta x} = \frac{\Delta x}{t}$$
$$t = \left(\frac{D}{\Delta x}\right)^{-1} \cdot \Delta x = (60,6 \pm 6,5)\,\mathrm{s}$$

Da ein Molekül während der laufenden Messung im Mittel eine Minute benötigt, um die Membran zu passieren, war es sinnvoll, vor Beginn der Messung einige Minuten zu warten, bis der Massenstrom sein Maximum erreicht hat.

5.4. Ausblick und zukünftige Realisierung im Praktikum

Im Wintersemester 2006/2007 wird diese überarbeitete Anleitung zum ersten Mal eingesetzt werden. Da für den Teilversuch 4 im Moment der Prototyp unter realistischen Bedingungen getestet wird, wird dieser voraussichtlich nur von ausgewählten Zweiergruppen durchgeführt werden. Die Ergebnisse können dann im Plenum während des Versuchstages ausgewertet werden. Die Anschaffung der fehlenden Versuchsaufbauten, um allen Studierenden die Möglichkeit zu geben, diesen Teilversuch durchzuführen, ist für das Sommersemester 2007 geplant.

Für das Probestudium Physik wurde der neue Teilversuch bereits eingesetzt. Das Probestudium bietet Schülerinnen und Schülern die Möglichkeit, in Form einiger ausgewählter Praktikumsversuche einen Eindruck vom Physikstudium zu bekommen. Da jene mit der formalen Herleitungen physikalischer Gleichungen größtenteils nicht vertraut sind, ist diese Version, verglichen mit der Anleitung aus dem Praktikum für Physiker, besser geeignet. Durch Rücksprache mit den betreffenden Betreuern fanden sich in der Auswertung für das Osmometer leicht missverständliche Formulierungen, die korrigiert wurden. So wurde auch die Menge der anzusetzenden Glucoselösung von 3 g Zucker und 30 ml Wasser auf 4 g Zucker und 40 ml Wasser erhöht. Erstere Angabe war knapp kalkuliert, da in der Praxis häufig ein Teil der Lösung verschüttet wurde.

Ursprünglich sollte diese Praktikumsanleitung für Studierende der Pharmazie und Biologie und optional für die der Geowissenschaften neu geschrieben werden. Da sich die inhaltlichen Unterschiede nicht in den physikalischen Grundlagen, sondern primär in der Auswahl der Beispiele finden, kann die neue Anleitung zunächst für alle drei Studienrichtungen eingesetzt werden. Da zur gleichen Zeit mit der Überarbeitung der Anleitungen des Physikpraktikums für Human- bzw. Zahnmediziner begonnen wurde, findet diese Version in leicht abgeänderter Form noch weitere Verwendung. Für die Studierenden der Zahnmedizin wird diese Anleitung zunächst ohne den neuen Teilversuch Diffusion/Osmose zum Einsatz kommen, während von den Humanmedizinern aufgrund der wesentlich kürzeren Praktikumsdauer nur die Teilversuche „Kapillarviskosimeter" und „Bestimmung der Oberflächenspannung mit der Abreißmethode" durchgeführt werden. Aus Zeitgründen sind in dieser Version die Arbeitsanweisungen der Versuchsdurchführung sehr detailliert ausformuliert und es wird auf einige mögliche Fehlerquellen explizit hingewiesen. Die Auswertung findet sich im Anschluss an die einzelnen Teilversuche, da diese während des Versuchstages abgeschlossen werden soll und aus organisatorischen Gründen eine nachträgliche Korrektur der Auswertung nicht möglich ist.

Kapitel 6. Osmosekraftwerke

Im folgenden Kapitel wird ein kurzer Überblick über die mögliche Nutzung des osmotischen Druckes in einem Kraftwerk, verschiedenen Realisierungsmöglichkeiten und den aktuellen Stand der Forschung gegeben (vgl. [29], [30] und [31]).

6.1. Funktionsprinzip eines Osmosekraftwerkes

Trennt man Süßwasser und Salzwasser aus dem Meer durch eine nur für Wassermoleküle permeable Membran, so herrscht dort ein osmotischer Druck von ca. 26-27 bar. Ziel eines Osmosekraftwerkes ist es, diesen Druck für die Stromerzeugung zu nutzen. Der Lieferant für diese Energie ist dabei die Sonne, durch die Wasser aus dem Meer verdunstet und so salzfreies Süßwasser entsteht. Auch wenn eine Nutzung nur an Flussmündungen ins Meer möglich ist, steckt großes Potential in dieser Technologie, da beide Rohstoffe in beliebig großer Menge vorliegen.

Nach dem Fickschen Gesetz ist für den Massenfluss die Querschnittsfläche der Membranen entscheidend. Abb. 6.1 zeigt eine platzsparende

Realisierung in Form von Röhrenmodulen, zu welchen die Membranen aufgerollt werden. Wassermoleküle diffundieren vom Süßwasser ins Salzwasser, das sich abwechselnd zwischen den Membranen befindet. Mit dem unter Druck stehenden Misch- oder Brackwasser wird eine Turbine angetrieben. Der praktisch nutzbare Druck beträgt maximal 15 bar.
Um das maximale Konzentrationsgefälle und damit den maximalen Druckunterschied aufrecht zu erhalten, muss kontinuierlich frisches Meerwasser an den Membranen vorbeigepumpt werden. Dafür gibt es verschiedene Realisierungsmöglichkeiten.

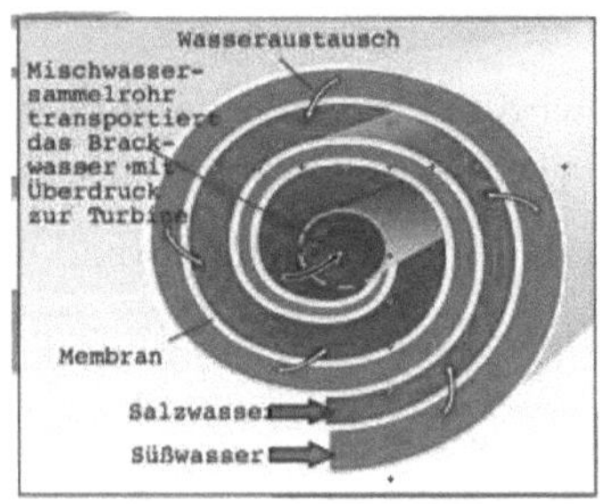

Abbildung 6.1.: Röhrenmodul (aus [32]).

Abb. 6.2 zeigt den schematischen Aufbau eines oberirdischen Osmosekraftwerkes. Süßwasser (Fresh water) und Meerwasser (Sea water) werden zunächst gefiltert (Water filter). In den Membranmodulen (Membran Moduls) entsteht durch Osmose ein Druck von bis zu 15 bar. Das unter Druck stehende Mischwasser (Brackish water) treibt eine Turbine zur Stromerzeugung an. Dabei wird aber nur ca. 1/3 des vorhandenen Volumens des Brackwassers verwendet. Da ungefähr doppelt so viel Meerwasser wie Süßwasser nötig ist, wird mit den restlichen 2/3 über einen Drucktauscher (Pressure Exchanger) neues Meerwasser nachgepumpt. Dies senkt die Net-

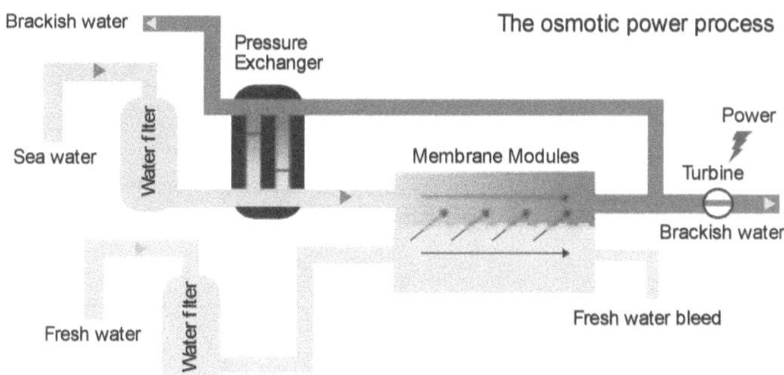

Abbildung 6.2.: Oberirdische Realisierung eines Osmosekraftwerkes (aus [33]).

toleistung des Kraftwerkes. Derzeit befindet sich ein derartiger Prototyp mit einer Membranfläche von 6 qm im Hafen von Trondheim (Norwegen) im Testbetrieb.

Eine andere Möglichkeit stellen unterirdische Kraftwerke (Abb. 6.3) dar. Dabei wird ähnlich einem Staukraftwerk ein Höhenunterschied von 100 bis 130 Metern für die Stromerzeugung genutzt. Hier wird der osmotische Druck nicht zur Stromerzeugung verwendet, sondern um das Mischwasser in ca. 130 Meter Tiefe gegen den Wasserdruck von circa 13 bar zurück in das Meer zu pumpen. Da hier das gesamte Wasservolumen für die Stromerzeugung verwendet wird, kann mehr Energie, verglichen mit der oberirdischen Variante, gewonnen werden. Jedoch ist der Bau einer solchen unterirdischen Anlage mit sehr viel größerem Aufwand verbunden und stellt einen starken Eingriff in die Natur dar.

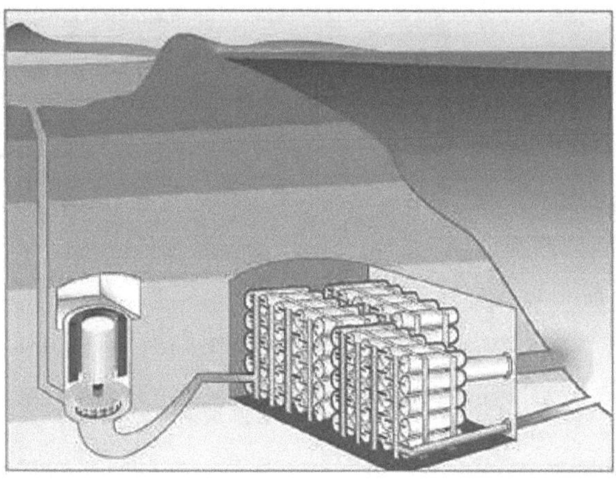

Abbildung 6.3.: Mögliche unterirdische Realisierung eines Osmosekraftwerkes (aus [34]).

6.2. Aktueller Stand der Forschung

Osmose als mögliche regenerative Energiequelle wurde in den 1970er Jahren von Norman und Loeb zum ersten Mal vorgeschlagen [35, 36]. Diese Idee scheiterte zunächst an der noch nicht weit genug entwickelten Membrantechnologie, sowie mangelnder Motivation aufgrund des fehlenden Umweltbewusstseins. Von 2001-2004 wurde im Rahmen des „Salinity-Power"-Projektes [37] die Entwicklung von hochwertigen Membranen in Zusammenarbeit mit dem norwegischen Stromkonzern Statkraft, dem Forschungszentren Gesellschaft für Kernenergieverwertung in Schiffbau und Schifffahrt mbH (GKSS) in Geesthacht bei Hamburg und der Foundation for Scientific and Industrial Research at the Norwegian Institute of Technology (SINTEF) in Trondheim (Norwegen), der Helsinki University of Technology (Finnland) sowie dem Instituto de Ciência e Tecnologia de Polímeros (ICTPOL) in Lissabon (Portugal) vorangetrieben. Es gelang den Wissenschaftlern, die Leistungsfähigkeit auf 2 Watt pro Quadratmeter zu steigern und damit, verglichen mit den ersten Membranen, zu verzwanzigfachen. Der norwegische Stromkonzern Statkraft, der dieses Projekt ins Leben rief, hofft, im Zeitraum 2010 bis 2015 eine Leistung von 5 Watt pro Quadratmeter und damit die wirtschaftliche Nutzbarkeit zu erreichen.

Die Qualität der Membranen könnte durch Nanotechnologie stark verbessert werden. Der Materialforscher Professor Peinemann vom GKSS entwickelt für das EU-Projekt NanoMemPro Membranen, die zur Meerwasserentsalzung verwendet werden sollen, aber auch in einem Osmosekraftwerk eingesetzt werden könnten. Dabei werden Kohlenstoffröhrchen im Nanometerbereich senkrecht zur Membranoberfläche eingelagert. Diese lassen Wasser, aber kein Salz passieren und hätten damit die gewünschten Eigenschaften. Leider finden sich derzeit noch keine genaueren Angaben über Beschaffenheit und Produktion dieser Membranen.

Auch wenn die gewünschte Leistungsfähigkeit der Membranen erreicht wird, stellt deren Größe ein Problem dar, denn selbst bei höchster Qualität sind zum Erzielen von einer Leistung von 1 MW über 200000 m^2 erforderlich. Selbst wenn diese geschickt aufgewickelt und zu Röhrenmodulen verbaut werden, hat ein Kraftwerk mit einer Leistung von 25 MW die Ausmaße einer Sportanlage. Neben diesen Aspekten stellt die Lebensdauer und Reinigung der Membranen eine große Unbekannte dar. Inwieweit diese Faktoren zu Problemen führen können, kann derzeit noch nicht abgeschätzt werden. Auch wenn diese Technologie absolut schadstofffrei arbeitet, stellen solche Kraftwerke allein aufgrund ihrer Größe einen starken Eingriff in die Natur dar und werden daher von vielen Seiten skeptisch gesehen.

In Deutschland wird diese Technologie langfristig keine Anwendung finden, denn die großen deutschen Flüsse Rhein und Donau münden nicht in Deutschland ins Meer. Auch wenn Elbe und Weser in die Nordsee münden, ist deren Flussverlauf auf den letzten 30 km sehr breit, so dass der Konzentrationsunterschied kontinuierlich abnimmt und das Süßwasser für ein solches Kraftwerk schon weit im Landesinneren abgezweigt werden müsste. Norwegen hat mit seinen zahlreichen Fjorden die idealen Voraussetzungen, diese regenerative Energiequelle zu nutzen, und ist daher stark an der Forschung beteiligt. Auch die Salzseen in den USA wären aufgrund ihres hohen Salzgehaltes für eine Nutzung geeignet, allerdings wird dort zurzeit weder die finanzielle noch die ökologische Notwendigkeit gesehen, in diese Technologie zu investieren.

In zehn Jahren, so schätzen Experten, werden Osmosekraftwerke mit anderen Energiequellen konkurrieren und in Europa bis zu 200 Terawattstunden pro Jahr liefern können. Laut Statkraft werden die Kosten für diesen Ökostrom mit ca. 5 Cent pro Kilowattstunde im unteren Bereich für regenerative Energiequellen liegen.

Literaturverzeichnis

[1] Borawski H., *Entwicklung eines Physikpraktikums für Studierende der Biologie*, (http://www.gpphy.uni-duesseldorf.de/DPG-Schule05/Vortraege/Borawski.pdf, 20.03.2005)

[2] nach [1], S.7

[3] Schumacher D., Theyßen H., *Physikpraktikum für Medizinstudenten - Entwicklung und Evaluation eines adressatenspezifischen Praktikums*, (www.uni-duesseldorf.de/Jahrbuch/2001/PDF/pagesschumacher.pdf, 2001)

[4] siehe [3], nach S.2

[5] Klafki W., *Neue Studien zur Bildungstheorie und Didaktik*, (Weinheim, Beltz Verlag, 1985), S.90

[6] Micke M., *Entwicklung eines Physikpraktikums für Studierende der Biologie*, (http://www.gpphy.uni-duesseldorf.de/DPG-Schule05/Vortraege/Micke.pdf, 2005), S.12

[7] Department der Physik der LMU, *M1 - Flüssigkeiten*, (http://www.physik.uni-muenchen.de/studium/praktikum/anleitungen-4std/M1.pdf, 2006)

[8] Bergmann Schaefer, *Lehrbuch der Experimentalphysik*, (de Gruyter Berlin - New York, 1998), Band 1

[9] Askeland D.R., *Materialwissenschaften*, (Spektrum Akademischer Verlag GmbH, Heidelberg - Berlin - Oxford, 1996)

[10] Harten H., *Physik für Mediziner*, (Springer Verlag, Berlin Heidelberg New York, 1999) S.98

[11] Department der Physik der LMU, *PMF-Flüssigkeitsmechanik für Physiker*, (http://www.physik.uni-muenchen.de/studium/praktikum/physik/a/versuche/va_pmf.pdf, 2003)

[12] Weast R., *Handbook of Chemistry and Physics*, (The chemical rubber co., Cranwood Parkway Cleveland Ohio, 1971), F41

[13] nach [8], S.444ff

[14] Trautwein, Kreibig, Oberhausen, *Physik für Mediziner, Biologen, Pharmazeuten*, (de Gruyter, Berlin - New York, 1983), S.66

[15] Haas U., *Physik für Pharmazeuten und Mediziner*, (Wiss. Verl.-Ges., Stuttgart, 2002), S.145

[16] Harms V., *Physik für Mediziner und Pharmazeuten*, (Harmsverlag, Kiel, 1989), S.64

[17] Department der Physik der LMU, *M1 - Viskosität und Oberflächenspannung*, (Anhang ab S.123, 16.04.2004), S.4

[18] siehe [8], S.450f

[19] *Ockhams Rasiermesser*, (http://de.wikipedia.org/wiki/Ockhams_Rasiermesser, 14.11.2006)

[20] *Gedankenexperiment*, (http://de.wikipedia.org/wiki/Gedankenexperiment, 21.08.2006)

[21] siehe [8], S.510 ff

[22] Beneke K., *Wilhelm Friedrich Philipp Pfeffer und die Pfeffersche Zelle*, (http://www.uni-kiel.de/anorg/lagaly/group/klausSchiver/Pfeffer.pdf, 1998)

[23] LD Didactic GmbH *Gebrauchsanweisung 662 403 deutsch*, (http://www.ld-didactic.com/ga/6/662/662403/662403d.pdf, 17.7.2006)

[24] LD Didactic GmbH *Gebrauchsanweisung 667 509 deutsch/englisch*, (http://www.ld-didactic.com/ga/6/667/667509/667509DE.PDF, 17.7.2006)

[25] siehe [16], S.91

[26] siehe [15], S,148

[27] siehe [14], S.177

[28] siehe [8], S.1241

[29] Meyer O., *Osmosekraftwerk*, (http://www.ipp.mpg.de/ippcms/ep/ausgaben/ep200503/0305_osmosekraftwerk.html, 03/2005)

[30] Lübbert D., *Das Meer als Energiequelle*, (http://www.bundestag.de/bic/analysen/2005/2005_11_101.pdf, 2005), S.16f

[31] Krauter R. *Effizienter Entzug*, (http://www.dradio.de/dlf/sendungen/forschak/521928/, 19.7.2006)

[32] Helmholz-Zentrum Geesthacht, *Das Osmosekraftwerk*, (http://www.hzg.de/imperia/md/images/gkss/presse/fotos/osmose3.jpg , 23.06.2011)

[33] Statkraft, *Osmotic Power - A huge renewable energie source*, (http://www.energy.com.pk/Assets/Osmotic.pdf, 2.2.2006), S.3

[34] Statkraft, *Osmosekraftwerk*, (http://www.ipp.mpg.de/ippcms/ep/ausgaben/ ep200503/bilder/0305_kraftwerk_z.jpg, 03/2005)

[35] Norman R., *Water Salination: A Source of Energy* (Science 186, S.350-352, 1974)

[36] Loeb S., *Osmotic Power Plants* (Science 189, S.654-655, 1975)

[37] Gerstandt K., *The Salinity Power Projekt,* (http://www.tf.uni-kiel.de/matwis/abetz/Salinity_Power.pdf, 2004)

Anhang A. Messreihen

Berechnung von Mittelwert und Abweichung für die Diffusionskonstante D:

Messungen:	D/10^-12 m^2/s	D/10^-12 m^2/s		D/10^-12 m^2/s
B1	7,8871	7,8871	A1	0,8186
B2	8,9389	8,9389	A2	0,8445
B3	8,1367	8,1367	A3	0,7331
B6	7,9964	7,9964	A4	0,8169
B7	7,2691	7,2691		
B8	7,2088	7,2088		
B10	7,1474	7,1474		
B11	7,6113	7,6113		
B4	5,8103			
B5	6,1879			
B9	6,5278			
Mittelwert:	**7,3383**	**7,7745**		**0,8033**
Abweichung:	**0,2760**	**0,2461**		**0,0242**
Fehler	**3,76 %**	**3,17 %**		**3,02 %**

Abbildung A.1.: Auswertung der Messreihen

A1

t/min	h/cm
0	3,2
15	3,8
39	4,3
48	4,6
72	5,2
80	5,4
91	5,7
125	6,6

Zucker/g	Wasser/g
10	200

Steigung m
0,027 cm/min

Konzentration c
0,050 g/cm^3

Diffusionskonstante D
0,8186 10^(-12) m^2/s

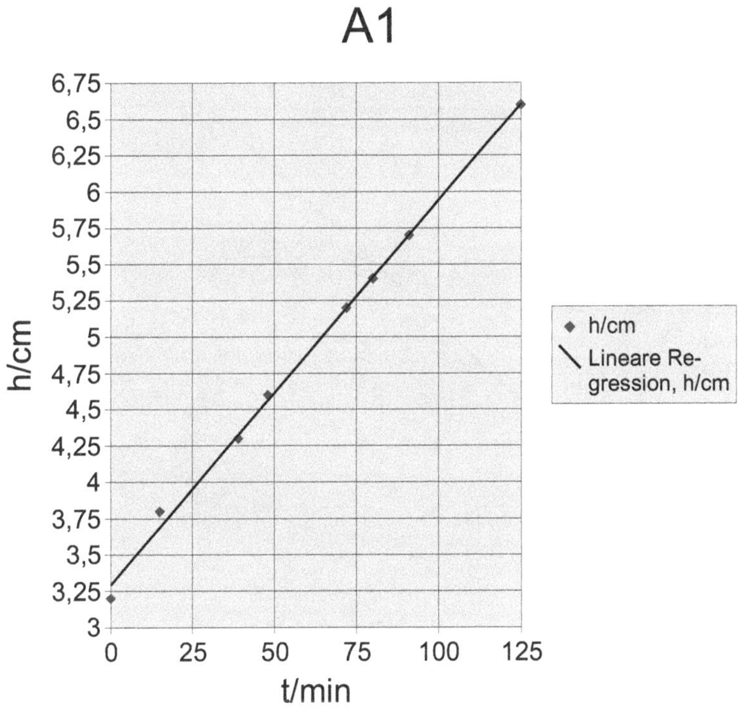

A2

t/min	h/cm
0	1,15
2	1,4
4	1,5
6	1,55
8	1,6
10	1,6
12	1,8
15	2
18	2,05
20	2,1
22	2,1
24	2,15
26	2,3
34	2,5
37	2,5
39	2,7

Zucker/g	Wasser/g
8	124

Steigung m
0,035 cm/min

Konzentration c
0,065 g/cm^3

Diffusionskonstante D
0,8445 10^(-12) m^2/s

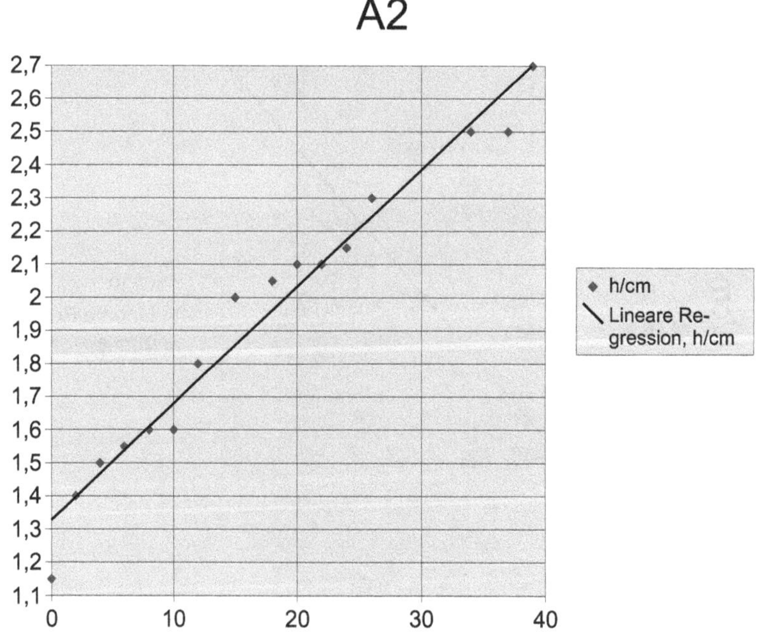

A3

t/min	h/cm
0	2,15
3	2,25
6	2,3
9	2,35
12	2,45
15	2,55
18	2,7
21	2,75
24	2,85
27	3
30	3,1

Zucker/g	Wasser/g
8,5	127,4

Steigung m
0,032 cm/min

Konzentration c
0,067 g/cm^3

Diffusionskonstante D
0,7331 10^(-12) m^2/s

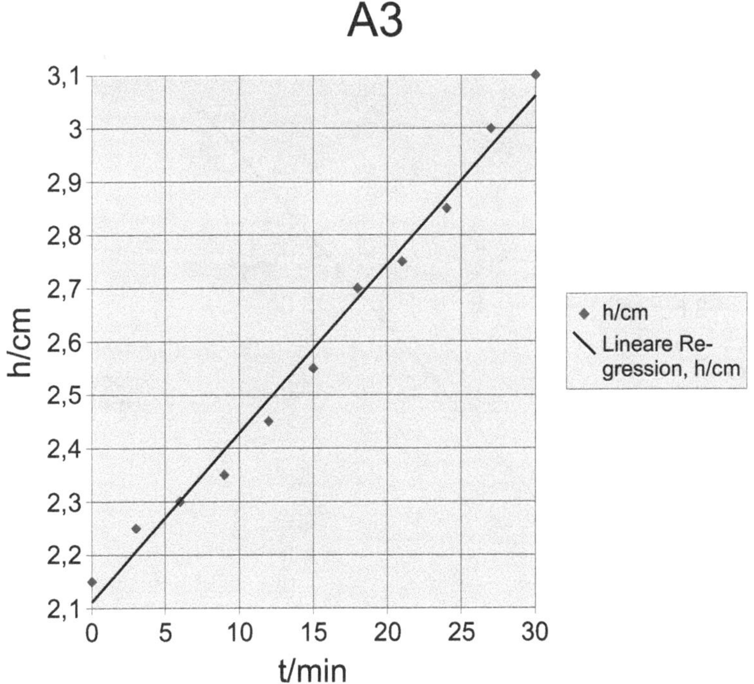

A4

t/min	h/cm
0	3
5	3,15
10	3,25
15	3,4
20	3,55
25	3,65
30	3,8
35	3,9
40	4,05
45	4,1
50	4,25

Zucker/g	Wasser/g
6	127,4

Steigung m
0,025 cm/min

Konzentration c
0,047 g/cm^3

Diffusionskonstante D
0,8169 10^(-12) m^2/s

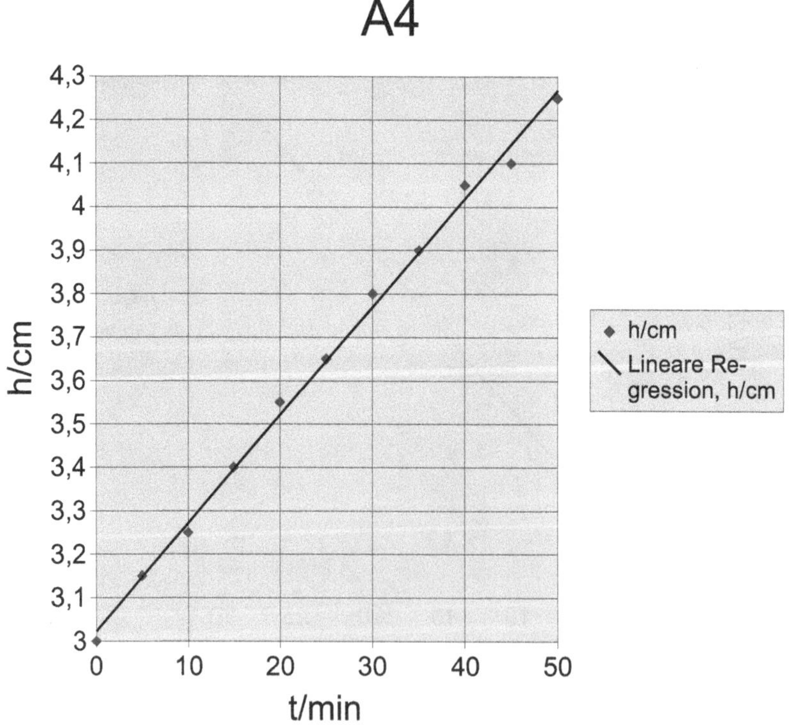

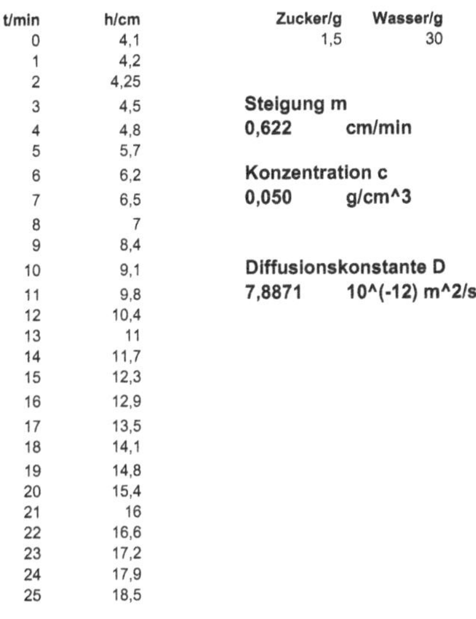

t/min	h/cm
0	4,1
1	4,2
2	4,25
3	4,5
4	4,8
5	5,7
6	6,2
7	6,5
8	7
9	8,4
10	9,1
11	9,8
12	10,4
13	11
14	11,7
15	12,3
16	12,9
17	13,5
18	14,1
19	14,8
20	15,4
21	16
22	16,6
23	17,2
24	17,9
25	18,5

Zucker/g	Wasser/g
1,5	30

Steigung m
0,622 cm/min

Konzentration c
0,050 g/cm^3

Diffusionskonstante D
7,8871 10^(-12) m^2/s

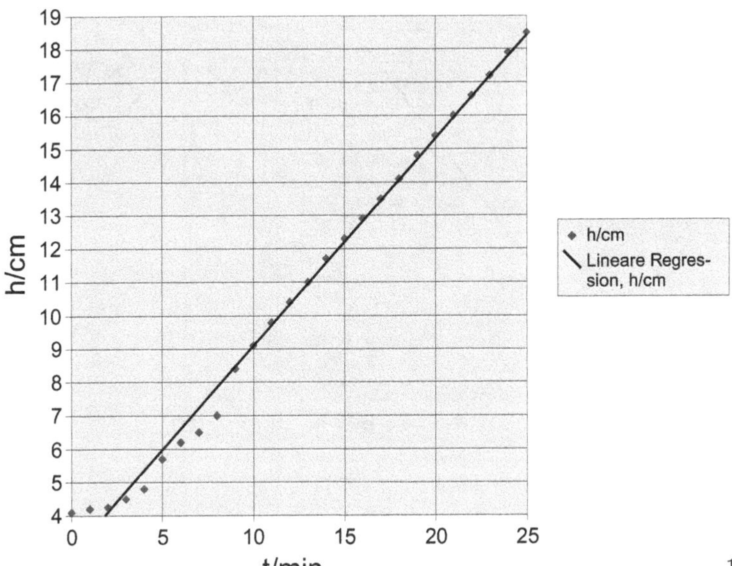

B2

t/min	h/cm
0	1
1	1,8
2	2,7
3	3,65
4	4,65
5	5,6
6	6,65
7	7,6
8	8,75
9	9,7

Zucker/g	Wasser/g
2,08	30

Steigung m
0,978 cm/min

Konzentration c
0,069 g/cm^3

Diffusionskonstante D
8,9389 10^(-12) m^2/s

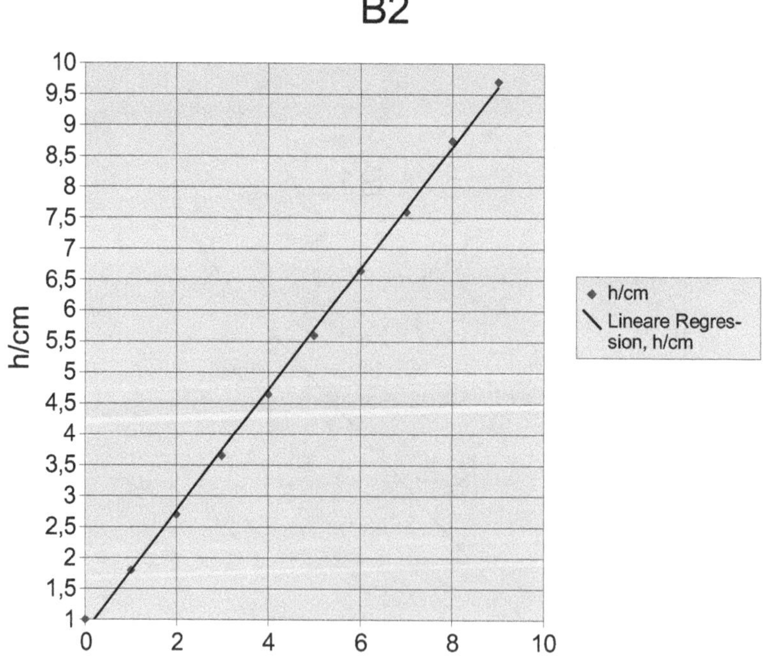

B3

t/min	h/cm
0	11,4
1	12,5
2	13,7
3	15
4	16,2
5	17,6
6	18,9
7	20,2
8	21,5
9	22,8
10	24,1
11	25,3

Zucker/g	Wasser/g
3	30,04

Steigung m
1,283 cm/min

Konzentration c
0,100 g/cm^3

Diffusionskonstante D
8,1367 10^(-12) m^2/s

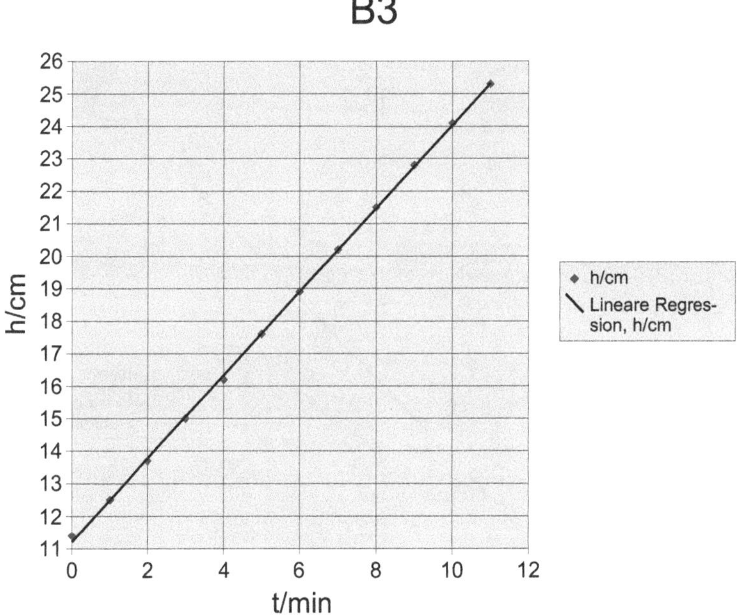

B4

t/min	h/cm
0	11,4
1	11,45
2	11,7
3	11,85
4	12,05
5	12,4
6	12,7
7	13
8	13,35
9	13,7
10	14,05
11	14,4
12	14,75
13	15,05
14	15,2
15	15,3
16	15,4
17	16,2
18	16,6
19	17,1
20	17,4

Zucker/g	Wasser/g
1	30,08

Steigung m
0,305 cm/min

Konzentration c
0,033 g/cm^3

Diffusionskonstante D
5,8103 10^(-12) m^2/s

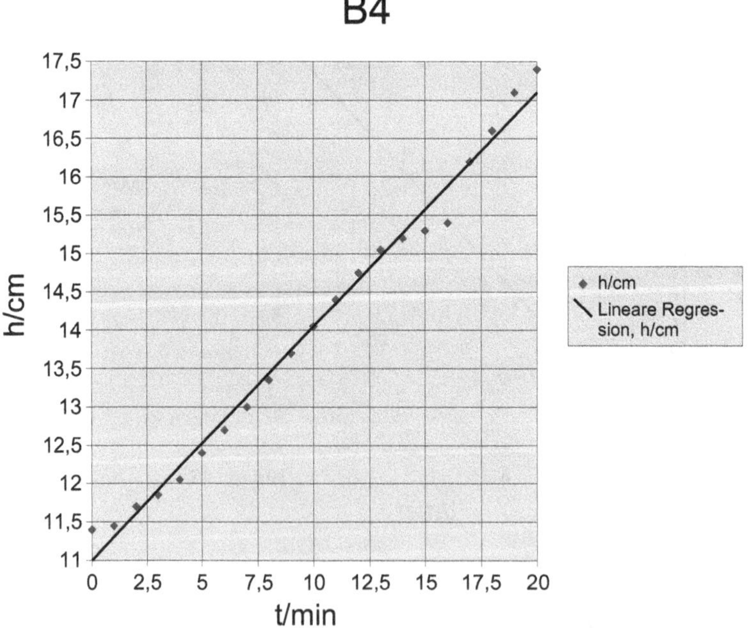

B5

t/min	h/cm
0	8
1	8,4
2	9,6
3	10,8
4	11,9
5	13,2
6	14,5
7	15,2
8	16,8
9	18
10	19,2

Zucker/g	Wasser/g
3,56	30,02

Steigung m
1,158 cm/min

Konzentration c
0,119 g/cm^3

Diffusionskonstante D
6,1879 10^(-12) m^2/s

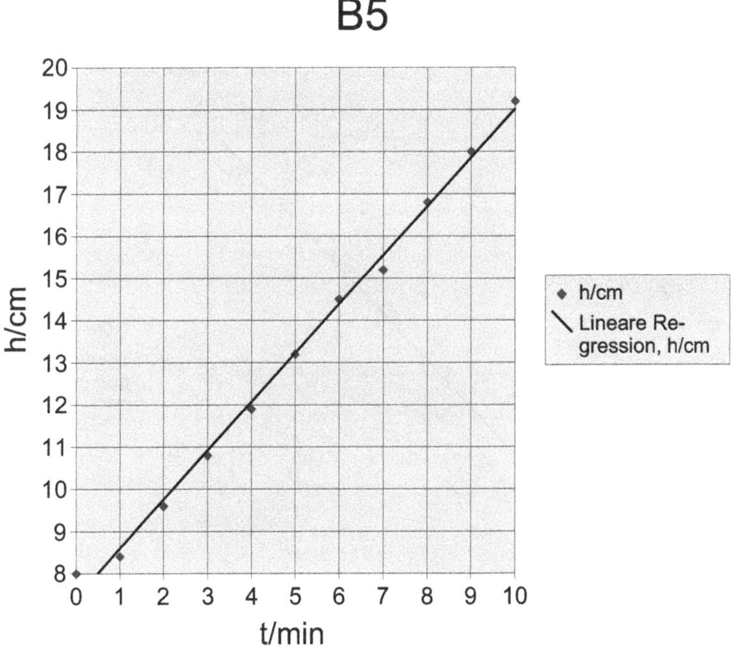

B6

t/min	h/cm
0	4,5
1	5,6
2	6,8
3	8
4	9,3
5	10,35
6	11,7
7	12,95
8	14,1
9	15
10	16,5

Zucker/g	Wasser/g
2,85	30,02

Steigung m
1,198 cm/min

Konzentration c
0,095 g/cm^3

Diffusionskonstante D
7,9964 10^(-12) m^2/s

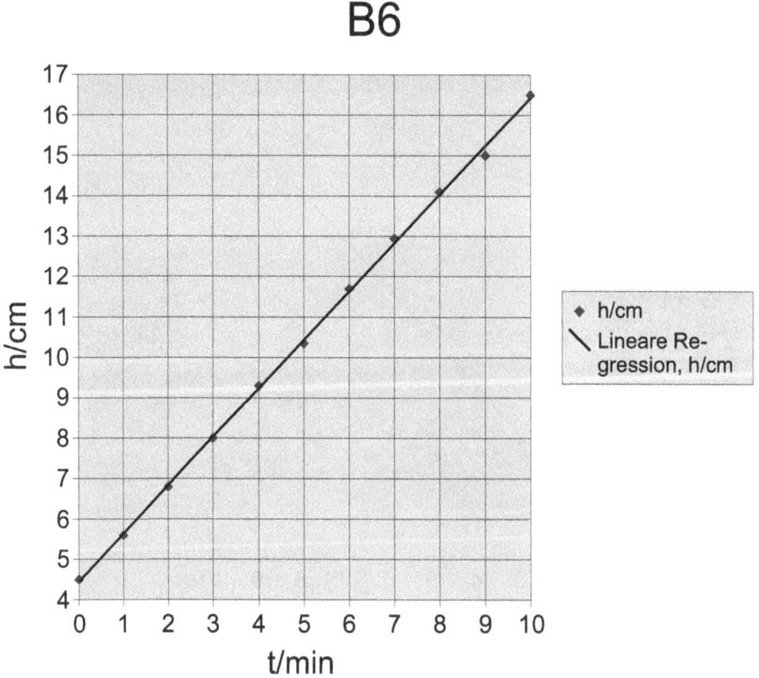

B7

t/min	h/cm
0	11,15
1	12,2
2	13,35
3	14,3
4	15,6
5	16,5
6	17,7
7	18,7
8	19,55
9	20,6
10	21,7
11	22,9
12	24,1
13	26,2
14	27,5
15	28,75
16	29,8

Zucker/g	Wasser/g
3,18	31,5

Steigung m
1,158 cm/min

Konzentration c
0,101 g/cm^3

Diffusionskonstante D
7,2691 10^(-12) m^2/s

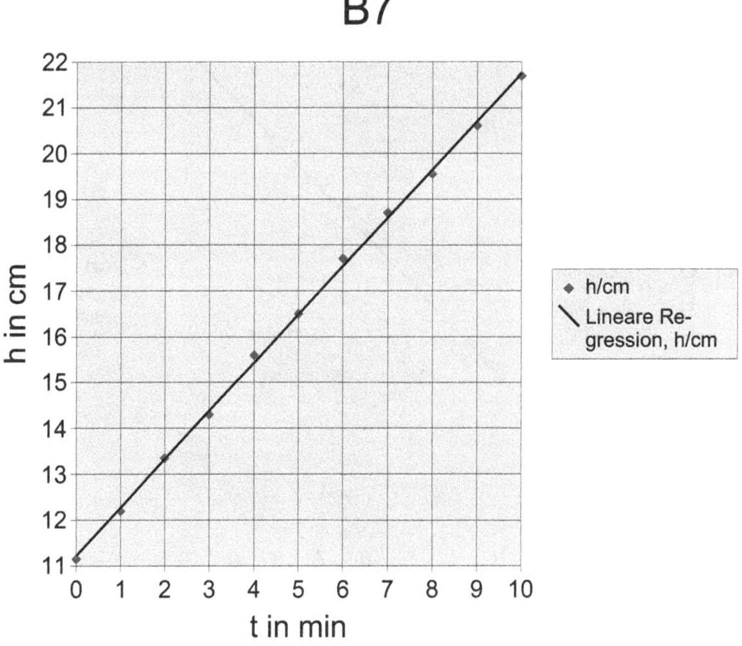

B8

t/min	h/cm
0	3,7
1	4,65
2	5,75
3	6,85
4	8,05
5	9,3
6	10,4
7	11,55
8	12,5
9	13,6
10	14,7

Zucker/g	Wasser/g
3,03	30,11

Steigung m
1,116 cm/min

Konzentration c
0,101 g/cm^3

Diffusionskonstante D
7,0288 10^(-12) m^2/s

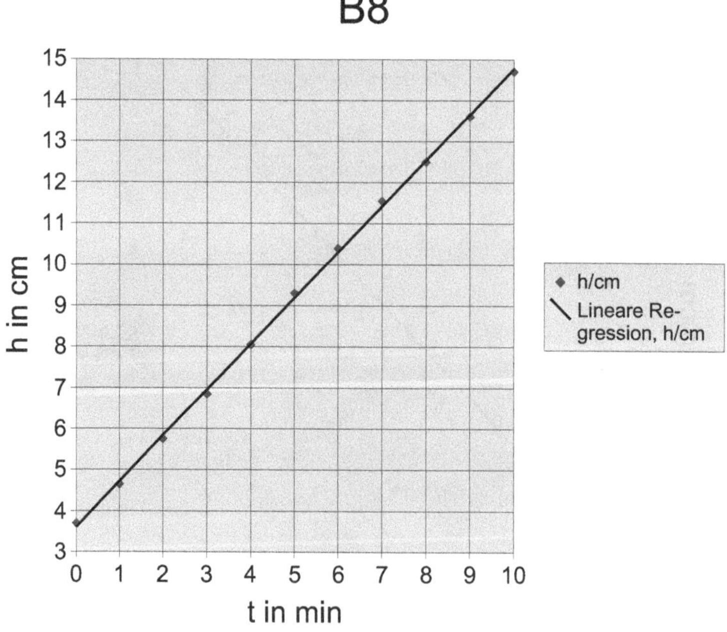

B9

t/min	h/cm
0	6,9
1	7,55
2	9,1
3	9,6
4	10,7
5	11,5
6	11,9
7	13,4
8	13,8
9	14,4
10	15,3

Zucker/g	Wasser/g
2,44	29,96

Steigung m
0,839 cm/min

Konzentration c
0,081 g/cm^3

Diffusionskonstante D
6,5278 10^(-12) m^2/s

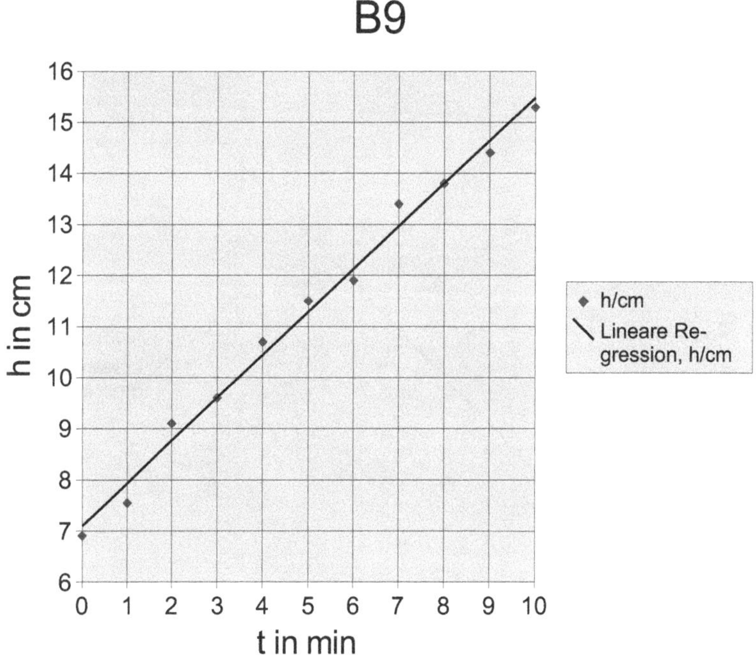

B10

t/min	h/cm
0	9,8
1	10,6
2	11,45
3	12,3
4	13,1
5	13,7
6	14,4
7	15,15
8	16,1
9	17,9
10	18,85
11	19,85
12	20,6
13	21,5
14	22,3
15	23,1

Zucker/g	Wasser/g
2,51	30,99

Steigung m
0,914 cm/min

Konzentration c
0,081 g/cm^3

Diffusionskonstante D
7,1474 10^(-12) m^2/s

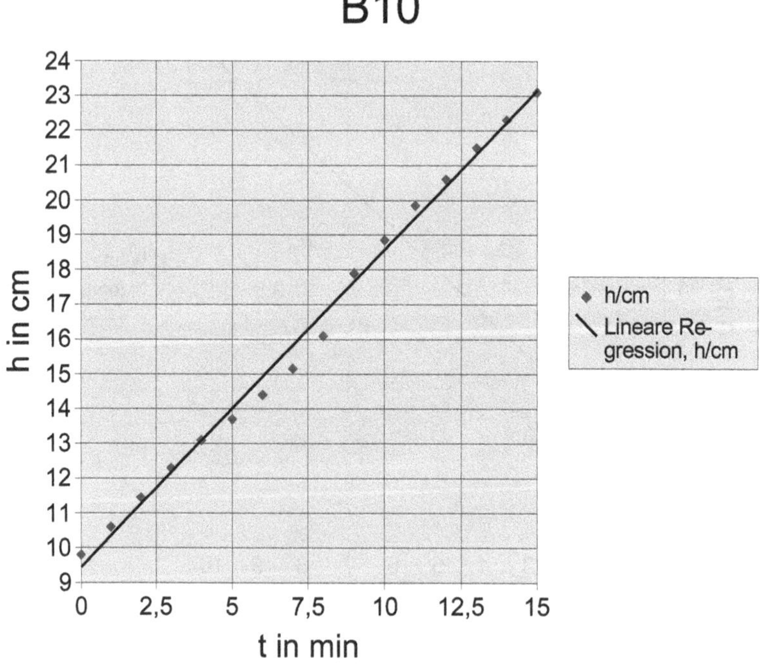

B11

t/min	h/cm
0	12,2
1	12,7
2	13,3
3	13,9
4	14,9
5	15,75
6	17,5
7	18,5
8	19,5
9	20,4
10	21,4
11	22,3
12	23,2
13	24

Zucker/g	Wasser/g
2,43	30,04

Steigung m
0,972 cm/min

Konzentration c
0,081 g/cm^3

Diffusionskonstante D
7,6113 10^(-12) m^2/s

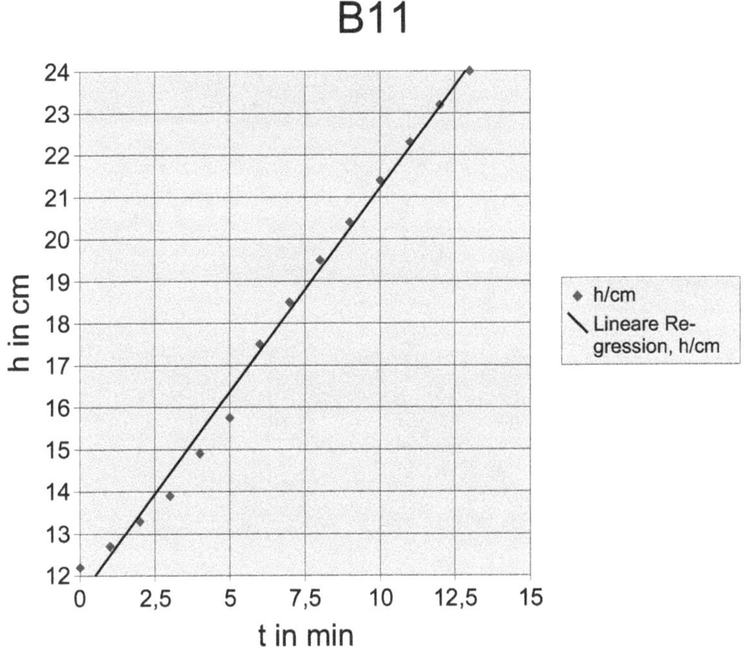

Anhang B.

B Alte Anleitung zum Versuch M1

M1 - Viskosität und Oberflächenspannung

Name: ....

Gruppe: ....

Einführung

Die **Viskosität** ist eine fundamentale Größe in der Rheologie - der Lehre des Fließverhaltens von Flüssigkeiten und der Deformation von Feststoffen. Für die Entwicklung pharmazeutischer Produkte wie Emulsionen, Pasten, Zäpfchen und Tablettenüberzugsmittel sind die Gesetze der Rheologie von hoher Bedeutung. Überall, wo es um das Mischen oder Fließen von Materialien, um deren Abfüllung in Behälter oder um deren Ausgießen aus Flaschen, Ausdrücken aus Tuben oder auch Pressen durch Injektionsnadeln geht, kommen sie zum Tragen.
In Versuch 1 und 2 wird die Viskosität von den homogenen Flüssigkeiten Wasser und Rizinusöl bestimmt - diese Substanzen lassen sich rheologisch relativ einfach beschreiben (sie sind so genannte Newtonsche Flüssigkeiten). Das in Versuch 2 zum Einsatz kommende Kugelfallviskosimeter findet jedoch in abgewandelter Form auch zur Untersuchung von heterogenen Dispersionen Anwendungen. Bei der Sedimentationsanalyse nach Andreasen wird die Tatsache ausgenutzt, dass die Fallgeschwindigkeit von Teilchen in einer Dispersion von deren Radius abhängt. Teilchen mit großem Radius sinken schneller als Teilchen mit kleinem Radius - der Zusammenhang ist sogar ein quadratischer. Entnimmt man in bestimmten Zeitabständen Proben vom Grund, trocknet und wiegt diese, so lassen sich Aussagen über die prozentuale Verteilung der Partikelgrößen in der Dispersion treffen. Im Versuch lassen Sie allerdings Stahlkugeln fallen.
Wenn wir im Zusammenhang mit Versuch 3 Überlegungen und Messungen zur **Oberflächenspannung** anstellen, dann untersuchen wir Phänomene zur Grenzfläche Wasser - Luft. Die Bedeutung von Grenzflächenerscheinungen ergibt sich aus der Tatsache, dass jeder Baustein der Materie, sei es nun eine Zelle, ein Bakterium, ein Kolloidteilchen, ein Granulatkorn oder auch der Mensch, in der Abgrenzung zu seiner Umgebung eine Grenzfläche besitzt. In der Pharmazie und der Medizin spielen Grenzflächenerscheinungen eine große Rolle; sie beeinflussen unter anderem die Adsorption von Wirkstoffen an feste Hilfsstoffe in Arzneiformen, die Penetration von Molekülen durch biologische Membranen sowie die Bildung und Stabilität von Emulsionen und Suspensionen.

Versuche

1. Bestimmung der Viskosität von Wasser mit dem Kapillarviskosimeter
2. Bestimmung der Viskosität von Öl mit dem Kugelfallviskosimeter
3. Bestimmung der Oberflächenspannung von Wasser mit Hilfe der Abreißmethode

I. Grundlagen

1. Viskosität

Zieht man aus einem Trog, der in der unteren Hälfte mit gefärbter, in der oberen mit klarer Flüssigkeit der gleichen Art (etwa Glyzerin) gefüllt ist, eine Platte mit der Geschwindigkeit v vorsichtig nach oben (siehe Bild 1) , so wird die sichtbare, anfänglich horizontale Trennfläche zwischen den beiden Flüssigkeiten verändert. In der Umgebung der bewegten Platte wird die angrenzende gefärbte Flüssigkeit mitbewegt. Es bildet sich ein ortsabhängiges Geschwindigkeitsgefälle dv/dx aus (Bild 2).
Der innerste, an der Platte festhaftende Teil der Flüssigkeit, bewegt sich mit der Geschwindigkeit der Platte v. Die nach außen folgenden Bereiche bewegen sich infolge der inneren Reibung jedoch mit zunehmend kleinerer Geschwindigkeit. Um dies quantitativ zu beschreiben, kann man sich die Flüssigkeit in einzelne Schichten aufgeteilt denken, die parallel zur eingetauchten Platte liegen. Die Schichten sind infinitesimal dünn. In Bild 3 sind sie mit endlicher Dicke gezeichnet. Die Schichten gleiten in der Flüssigkeit aneinander entlang, ohne sich gegenseitig zu vermischen. In einem solchen Fall spricht man von einer *laminaren Strömung*.
Die zwischen den Schichten wirkenden Reibungskräfte verlaufen parallel zum Geschwindigkeitsvektor v und hemmen die Relativbewegung. Die Größe der inneren Reibung wird durch das folgende Gesetz beschrieben:

$$F \propto A \frac{dv}{dx} \qquad (1)$$

Dabei ist F der Betrag der Reibungskraft, die die Bewegung der Platte in Bild 1 hemmt, und A die Größe der Flächen, die aneinander gleiten (je größer die Flächen, desto größer also die Kraft). Die Kraft F ist nicht der Geschwindigkeit v selbst proportional, sondern deren Änderung mit dem Abstand, d.h. der Ableitung dv/dx. Diese beschreibt ein "Geschwindigkeitsgefälle", oder wie man auch sagt, einen "Geschwindigkeitsgradienten", vgl. Bild 2.
Will man das Proportionalitätszeichen in Gl. (1) durch ein Gleichheitszeichen ersetzen, so müssen die Einheiten auf beiden Seiten übereinstimmen.

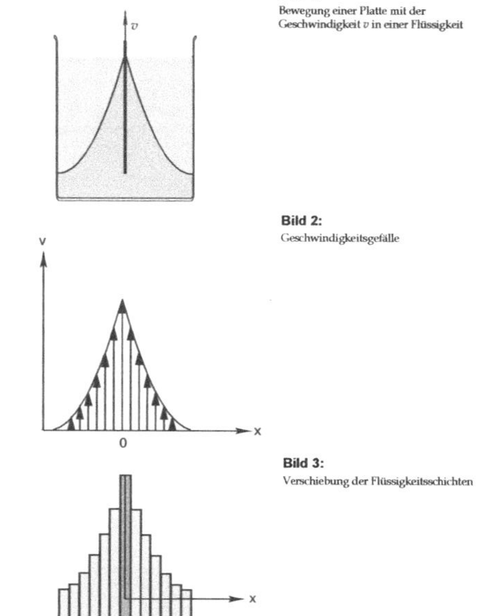

Bild 1:
Bewegung einer Platte mit der Geschwindigkeit v in einer Flüssigkeit

Bild 2:
Geschwindigkeitsgefälle

Bild 3:
Verschiebung der Flüssigkeitsschichten

Um das zu erreichen, führt man eine dimensionsbehaftete Konstante mit der Einheit Pa s ein, die (dynamische) *Viskosität* η der Flüssigkeit.
Gl. (1) wird zu

$$F = \eta A \frac{dv}{dx} \qquad (2)$$

Die Viskosität ist charakteristisch für die jeweilige Flüssigkeit und ein Maß für ihre Zähigkeit. Wenn η unabhängig von v ist, spricht man von einer **Newtonschen Flüssigkeit**. Newtonsche Flüssigkeiten sind die meisten reinen Flüssigkeiten, z.B. Wasser (in den Versuchen wird ausschließlich mit newtonschen Flüssigkeiten gearbeitet).
Die Viskosität von Flüssigkeiten nimmt mit steigender Temperatur stark ab. Heißes Wasser ist dünnflüssiger und deswegen zum Abwaschen besser geeignet als kaltes! Bei vielen Flüssigkeiten kann man die Temperaturabhängigkeit durch eine e-Funktion wie folgt beschreiben:

$$\eta = a \cdot \exp\left(\frac{b}{T}\right) \qquad (3)$$

wobei a und b empirische Stoffkonstanten sind und T die absolute Temperatur in Kelvin.

2. Hagen-Poiseuillesches Gesetz

Bild 4 veranschaulicht das Geschwindigkeitsprofil einer laminaren Strömung in einem engen Rohr. Das Geschwindigkeitsprofil hat Parabelform, wobei die Strömungsgeschwindigkeit längs der Rohrachse maximal ist, während die äußerste Flüssigkeitsschicht an der Wand haftet und somit ruht (v=0).

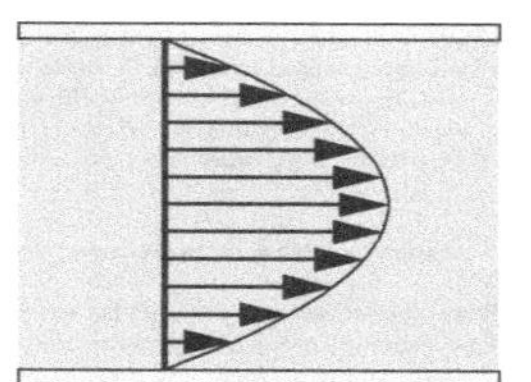

Bild 4:
Parabolisches Strömungsprofil in einem Rohr

Wie schnell bewegt sich aber nun eine Flüssigkeit insgesamt durch ein (dünnes) Rohr?
Bevor die Antwort auf diese Frage erarbeitet wird, zuvor noch eine Begriffsklärung: Anstatt von der „Schnelligkeit einer durch ein Rohr fließenden Flüssigkeit(smenge)" spricht man physikalisch präziser von dem Flüssigkeitsvolumen ΔV, das pro Zeiteinheit Δt durch einen Rohrquerschnitt fließt. Den Quotienten Flüssigkeitsvolumen pro Zeiteinheit - also $\Delta V/\Delta t$ - bezeichnet man als Volumenstromstärke oder Volumenstrom I_V.
Die nun präzisierte Frage, von welchen anderen physikalischen Größen der Volumenstrom

I_V **abhängt, soll im folgenden anhand eines Gedankenexperiments (Bild 5)**[1] erarbeitet werden:

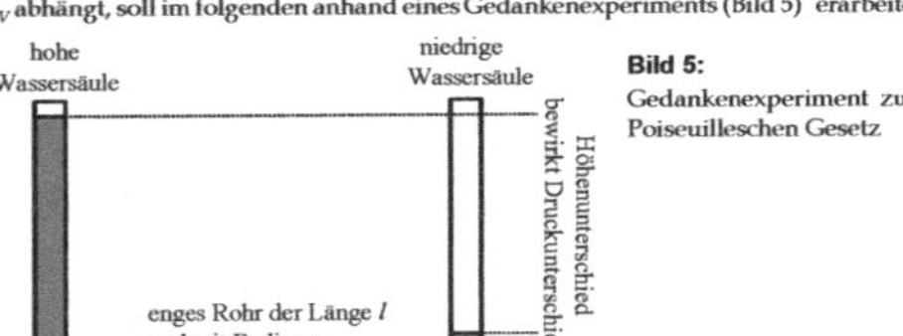

Bild 5: Gedankenexperiment zum Hagen-Poiseuilleschen Gesetz

Man stelle sich eine hohe Wassersäule und eine niedrige Wassersäule vor, die über ein enges Rohr der Länge l und mit dem Radius r verbunden sind. Der Höhenunterschied bezüglich der Wasserstände in den Säulen bewirkt einen hydrostatischen Druckunterschied, der wiederum ein Ausgleichsbestreben der Wasserstände zur Folge hat. Es wird sich also ein Volumenstrom durch das Rohr einstellen.

1. Eine Abhängigkeit dürfte damit bereits offensichtlich sein: **Je größer der Höhenunterschied und damit der Druckunterschied zwischen den Enden des Rohrs, desto größer ist das Ausgleichsbestreben und damit der Volumenstrom.** In der „Gedankenapparatur" in Bild 6 würde der Volumenstrom mit der Zeit abnehmen, da mit zunehmendem Ausgleich der Wassersäulenstände der Druckunterschied abnimmt. Will man - wie im durchzuführenden Versuch 1 - diese Druckunterschieds- und Volumenstromabnahme verhindern, muss man dafür sorgen, dass die Höhendifferenz konstant bleibt. Im Versuch geschieht dies zum einen über einen „Auslaufmechanismus", der das Ansteigen des Niedrigniveaus verhindert, und zum anderen dadurch, dass Sie mit Hilfe einer Spritzflasche das von der hohen Säule abgeflossene Wasser stetig wieder nachfüllen.

Wovon hängt der Volumenstrom noch ab?

2. **Von der Flüssigkeit selbst: Je viskoser, also zähflüssiger sie ist, desto niedriger ist der Volumenstrom.**

3. Die weiteren Abhängigkeiten liegen in dem dünnen Rohr (Kapillare genannt): Bei sehr großem Querschnitt und kurzer Länge würde der Ausgleich zwischen den Wasserständen im nu geschehen. **Das dünne Rohr „behindert" den Volumenstrom: Je länger und je enger es ist, desto niedriger ist der Volumenstrom.** Während der Zusammenhang zwischen **Volumenstrom und Länge l ein linearer** ist, geht der **Radius *r* mit der vierten Potenz** ein. D.h. eine Verdopplung des Radius bewirkt eine Versechzehnfachung des Volumenstroms!

Mit diesen Betrachtungen lässt sich das *Hagen-Poiseuillesche Gesetz*, das der deutsche Ingenieur Hagen (1839) und der französische Arzt Poiseuille (1840 in einer Untersuchung über den Blutkreislauf) unabhängig voneinander aufstellten, in folgender Form verstehen:

$$I_V = \frac{\Delta V}{\Delta t} = \frac{\pi r^4}{8\eta L} \cdot \Delta p \qquad (4)$$

Gl. (4) lässt sich durch räumliche Integration aus Gl. (2) unter Berücksichtigung der Zylindersymmetrie der Anordnung herleiten (so lässt sich der konstante Faktor $\pi/8$ in Gl. (4) begründen).

Das *Hagen-Poiseuillesche Gesetz* gilt nur unter folgenden idealisierten Bedingungen (sonst eben nur näherungsweise):

1. Es treten nur Reibungskräft auf, keine Trägheitskräfte, das bedeutet, die Flüssigkeitsteilchen werden während der Bewegung nicht mehr beschleunigt, die gesamte aufgebrachte Arbeit ist Reibungsarbeit. Man spricht auch von stationärer Strömung, d.h. eine zeitlich sich nicht ändernde Strömung.
2. $v = 0$ an der Rohrwand. Es wird nur die innere Reibung der Flüssigkeit berücksichtigt und (vereinfachend) davon ausgegangen, dass die Flüssigkeit an der Rohrwand haftet.
3. $\eta = const.$ Es handelt sich um eine Newtonsche Flüssigkeit Die Viskosität ändert sich nicht mit der Volumenstromstärke - das Stromstärke-Druckdifferenzdiagramm zeigt eine Gerade.
4. Das fließende Medium ist inkompressibel. Dies ist für Flüssigkeiten meist gültig, für Gase nicht.
5. Laminare Strömung: keine Verwirbelungen, die u.a. bei zu hoher Strömungsgeschwindigkeit auftreten können. Die Strömung ist meist laminar, solange die sogenannte Reynoldszahl Re < 2300 ist.
   Definition der Reynoldszahl: $Re = \frac{r \cdot \rho_f \cdot v_{mittel}}{\eta}$

   Für Re < 1160 tritt mit Sicherheit laminare Strömung auf, zwischen 1160 und 2300 können Einlaufstörungen zu turbulenter Strömung führen, wodurch der Strömungswiderstand beträchtlich größer wird.
6. Keine äußeren Kräfte wirken (waagerechtes Rohr oder geschlossener Kreislauf).

Für Versuch 1 können wir annehmen, dass die sechs Bedingungen erfüllt sind. Da in der Hagen-Poisseuille-Formel für das Durchströmen eines Rohres alle Größen bis auf η messbar sind, kann man so die Zähigkeit experimentell bestimmen. Diesen Sachverhalt werden wir uns in Versuch 1 zunutze machen.

3. Stokessches Gesetz

Das *Stokessche Gesetz* gibt die Reibungskraft an, die auf eine Kugel mit dem Radius *r* ausgeübt wird, wenn sie sich mit der Geschwindigkeit *v* in einer zähen Flüssigkeit bewegt:

$$F_R = 6\pi r \eta v \qquad (5)$$

1. Falls Sie den Versuch E1 - „Elektrische Stromkreise" bereits durchgeführt haben, kommt Ihnen Bild 5 vielleicht bekannt vor. Dort wird in Analogie zur Flüssigkeitsmechanik das Zustandekommen eines elektrischen Stroms (analog zum Volumenstrom) aufgrund einer anliegenden Spannung (analog zum Druckunterschied) erklärt.

Das Gesetz lässt sich ebenfalls aus Gl. (2) durch Integration gewinnen. Eine einfache Abschätzung führt jedoch bereits bis auf einen Faktor zu Gl. (5). Ersetzt man nämlich die Fläche A, die zur Reibung beiträgt, durch die Oberfläche der Kugel $4\pi r^2$ und den Abstand dx von der Kugel, an dem die Flüssigkeit in Ruhe ist, durch den Radius r der Kugel, so ergibt sich für die Reibungskraft der Kugel nach Gl. (2) bereits

$$F_R \propto 4\pi r^2 \eta \frac{v}{r} = 4\pi r \eta v \qquad (6)$$

Gültig ist Gl. (5) genauso wie Gl. (4) nur für laminare Strömungen.

4. Oberflächenspannung

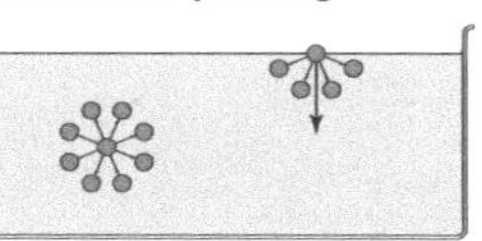

Bild 6:
Zur Entstehung der Oberflächenspannung

Auch die *Oberflächenspannung* ist auf zwischenmolekulare Kräfte zurückzuführen. Sie hat zur Folge, dass die Oberfläche einer Flüssigkeit das Bestreben hat, ein Minimum anzunehmen. Flüssigkeiten im schwerelosen Zustand streben Kugelgestalt an (fallende Wassertropfen). Auf ein Flüssigkeitsteilchen im Inneren eines Volumens werden von allen Nachbarn Anziehungskräfte ausgeübt, die sich aufgrund der Symmetrie gegenseitig aufheben. Befindet sich das Flüssigkeitsteilchen jedoch an der Oberfläche, so entfällt ein Teil dieser Kräfte (das angrenzende Medium „zieht" nicht so stark wie die Flüssigkeit) und eine ins Innere der Flüssigkeit gerichtete Kraft bleibt übrig (siehe Bild 6).
Vergrößert man die Oberfläche einer Flüssigkeit, so müssen Moleküle gegen diese nach innen gerichteten Kräfte verschoben werden. Das erfordert Arbeit.
Als **spezifische Oberflächenenergie** ε bezeichnet man daher den Quotienten aus Energiezunahme pro damit einhergehender Oberflächenzunahme:

$$\varepsilon = \frac{\textit{Energiezunahme}}{\textit{Oberflächenzunahme}}$$

gemessen in Joule/m^2.
Interpretiert man das Joule als „Kraft mal Weg" im Sinne der Definition von „Arbeit", so lautet die Benennung alternativ

$$\frac{J}{m^2} = \frac{N \cdot m}{m^2} = \frac{N}{m}$$

also „Newton pro Meter", bzw. „Kraft pro Längeneinheit". Diesen Quotienten, der zahlenmäßig der spezifischen Oberflächenspannung gleich ist, bezeichnet man als **Oberflächenspannung** σ, weil er direkt auf eine Kraft bezug nimmt
Als Gedankenexperiment kann man sich die Bestimmung der Oberflächenspannung mit folgender Anordnung vorstellen (Bild 7): Eine Flüssigkeitslamelle sei begrenzt von einem U-förmig gebogenen Draht und einem verschiebbaren Querbügel. Zieht man den Bügel um eine Strecke Δs nach unten, so vergrössert man die Flüssigkeitsoberfläche und verrichtet Arbeit. Die Kraft F ist dabei direkt messbar (etwa mit einer Federwaage). Die Oberflächenspannung σ erhält man daraus als:

σ = *am Rand angreifende Kraft / Länge des Randes*

gemessen in Newton/m^2.

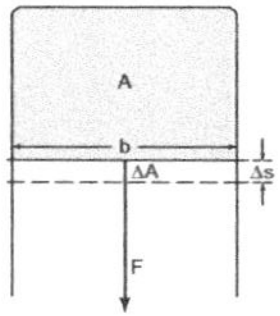

Bild 7:
Zur Definition der Oberflächenspannung

Auch die Oberflächenspannung nimmt stark mit wachsender Temperatur ab (die zwischenmolekularen Bindungen werden schwächer): Noch ein Grund, heißes Wasser zum Geschirrspülen zu benutzen. Es „benetzt" besser!

II. Versuchsaufbau und Geräte

Zubehör

Kapillarviskosimeter (Bild 8) mit Auslaufgefäß und Glasrohr, Digitalschublehre, Reinwasser, Justiernadel, Kugelfallviskosimeter gefüllt mit Rizinusöl, Kugeln, Aräometer, Pinzette, Uhrglas, Thermometer, Digitalschublehre, Wasserwaage, Stoppuhr, Tritthocker, Spritzen

1. Kapillarviskosimeter

Im Rahmen von Versuch 1 werden Sie das Hagen-Poiseuillesche Gesetz anwenden, indem Sie die Viskosität von Wasser bestimmen. Dazu wird das in Bild 8 dargestellte Kapillarviskosimeter verwendet: Aus einem Vorratsrohr im Bild links (dies entspricht der hohen Wassersäule) strömt die Flüssigkeit durch eine Kapillare in ein Auslaufgefäß, das Tropfenbildung am Ende der Kapillare vermeidet. Tropfenbildung würde zusätzliche Energie erfordern und damit das Messergebnis verfälschen. Die Kapillare befindet sich in einem Wasserbad, dessen Temperatur abgelesen werden kann (wie gesagt ist die Viskosität und damit der Volumenstrom abhängig von der Temperatur). Den Druckunteschied Δp gewinnt man folgendermaßen aus der Flüssigkeitsniveaudifferenz $\Delta h = h - h_0$:

$$\Delta p = \rho g \Delta h \qquad (7)$$

Hierbei ist ρ die Dichte der Flüssigkeit und g die Erdbeschleunigung. Durch Messung des Volumenstroms $\Delta V/\Delta t$ für eine gegebene Druckdifferenz Δp läßt sich dann nach Gl. (4) die Viskosität von Wasser berechnen, wenn die Länge L und der Radius r der Kapillare bekannt sind.

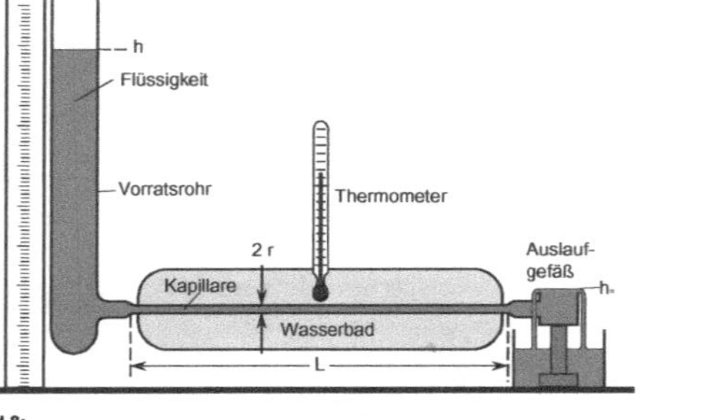

Bild 8:
Kapillarviskosimeter

2. Kugelfallviskosimeter

Um die Bewegung der fallenden Kugeln im Kugelfallviskosimeter zu verstehen, sei die folgende Analogie benutzt: Ein Fallschirmspringer erreicht auch nach beliebig langer Fallzeit keine beliebig hohe Fallgeschwindigkeit. Die Luftreibung erlaubt eine Höchstgeschwindigkeit im freien Fall von etewa 200 km/h, mit geöffnetem Fallschirm 10 km/h. Die auftretenden Kräfte - Erdanziehung, Auftrieb und Reibung - halten sich bei diesen Geschwindigkeiten das Gleichgewicht.
Nun zur Physik der Kugel: Fällt eine Kugel unter dem Einfluss der Schwerkraft in einer Flüssigkeit nach unten, so wirken folgende Kräfte:
Schwerkraft

$$F_{Gewicht} = mg = \frac{4}{3}\pi r_{Kugel}^3 \rho_{Kugel}\, g \qquad (8)$$

Auftrieb (Gewichtskraft der verdrängten Flüssigkeitsmenge)

$$F_{Auftrieb} = m_{Flüssigkeit}\, g = \left(\frac{4}{3}\right)\pi r_{Kugel}^3 \rho_{Flüssigkeit}\, g \qquad (9)$$

Reibungskraft (Stokesches Gesetz, Gl. (5))

$$F_{Reibung} = 6\pi r_{Kugel}\, \eta v \qquad (10)$$

Die ersten beiden Kräfte (Gl. (8) und Gl. (9)) sind konstant und bewirken eine Beschleunigung der Kugel (analog dem freien Fall in Luft). Die Reibungskraft (Gl. (10)) bremst die Bewegung der Kugel. Zu Beginn (für $v = 0$) ist ihr Beitrag null. Mit zunehmender Geschwindigkeit bewirkt sie eine Abnahme der Gesamtkraft (Zunahme von $F_{Reibung}$).

Die Bewegungsgleichung lautet unter Berücksichtigung der Richtungen der Kräfte

$$F_{Gewicht} - F_{Auftrieb} - F_{Reibung} = m\dot{v} \qquad (11)$$

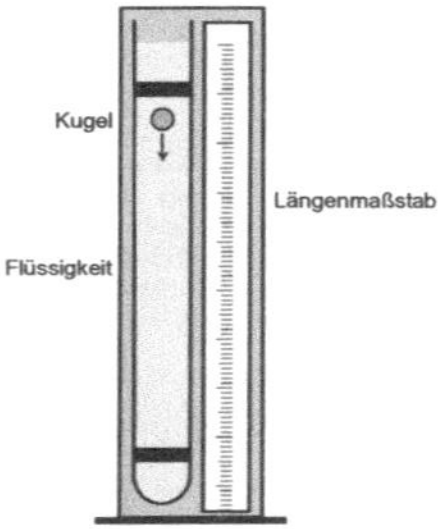

Bild 9:
Kugelfallviskosimeter

Wenn die Summe aller auf die Kugel einwirkenden Kräfte gleich null ist, bewegt sie sich mit konstanter Endgeschwindigkeit (Newton: "Wirkt keine Kraft auf einen Gegenstand, so bleibt seine Geschwindigkeit unverändert"). Dann gilt

$$\frac{4}{3}\pi r^3 \rho_{Kugel} g - \frac{4}{3}\pi r^3 \rho_{Flüssigkeit} g - 6\pi r \eta v = 0 \qquad (12)$$

Daraus ergibt sich für die Viskosität:

$$\eta = \frac{2gr^2}{9v}(\rho_{Kugel} - \rho_{Flüssigkeit}) \qquad (13)$$

Durch Messung der Endgeschwindigkeit (Weg-Zeit-Messung) einer in einer Flüssigkeit herabsinkenden Kugel lässt sich bei Kenntnis der Dichten von Flüssigkeit und Kugel sowie des Kugelradius die Viskosität der Flüssigkeit nach Gl. (13) bestimmen. Einen derartigen Messaufbau nennt man Kugelfallviskosimeter (siehe Bild 9).
Im Versuch wird die Viskosität von Rizinusöl bestimmt.

- Die verwendeten Kugeln sind aus Stahl, die Dichte von Stahl beträgt:
  $\rho_{Kugel} = 7{,}9 \cdot 10^3\ kg/\ m^3 = 7{,}9\ g/cm^3$.

3. Dichtemessung mit dem Aräometer

Die Dichte des Öls wird mit Hilfe eines Aräometers gemessen (siehe Bild 10). Ein Körper taucht so weit in eine Flüssigkeit ein, bis das Gewicht $m_{Flüssigkeit}g$ der von ihm verdrängte Flüssigkeit mit dem des Körpers $m_{Körper}g$ übereinstimmt. Dann gilt

$$m_{Flüssigkeit}g = \rho_{Flüssigkeit} V_{Flüssigkeit} g = m_{Körper} g \tag{14}$$

mit $\rho_{Flüssigkeit}$ = Dichte der Flüssigkeit, $V_{Flüssigkeit}$ = Volumen der verdrängten Flüssigkeit, $\rho_{Körper}$ = Dichte des Körpers, $V_{Körper}$ = Volumen des Körpers.

Bei Kenntnis der Masse des Körpers lässt sich also aus dem Volumen der verdrängten Flüssigkeit deren *Dichte* bestimmen:

$$\rho_{Flüssigkeit} = \frac{m_{Körper}}{V_{Flüssigkeit}} \tag{15}$$

Ein Körper taucht umso tiefer in die Flüssigkeit ein ($V_{Flüssigkeit}$ ist umso größer), je geringer die Dichte der Flüssigkeit ist (je kleiner $\rho_{Flüssigkeit}$ ist).
Beim Aräometer ist die Skala auf einem Zylinder angebracht. Die Skala ist bereits auf die Dichte kalibriert und wird an der Stelle der Flüssigkeitsoberfläche abgelesen (Einheit g/cm^3).

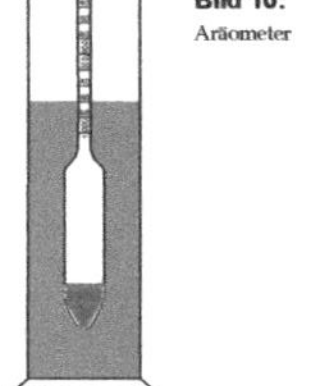

Bild 10:
Aräometer

4. Abreißmethode zur Bestimmung der Oberflächenspannung

Zur Messung der Oberflächenspannung von Wasser verwenden wir im Versuch eine Anordnung, wie sie in Bild 11 dargestellt ist. An einer Federwaage hängt ein Aluminiumring, der in die Flüssigkeit getaucht und dann langsam herausgezogen wird. Gemessen wird die Kraft F, bei der die Flüssigkeitslamelle reißt. Die Federwaage ist in Newton geeicht. Der Hebevorgang erfolgt mit Hilfe einer zweistufig arbeitenden Rändelschraube. Die zur Bestimmung der Oberflächenspannung benötigte Kraft $F_{Oberfläche}$ ergibt sich aus der Messung wie folgt

$$F = F_{Oberfläche} + F_{Aluring} \tag{16}$$

Hierbei ist $F_{Aluring}$ die Gewichtskraft des Aluminiumrings. Aus Gl. (16) und aus dem Zusammenhang für die Oberflächenspannung σ = *am Rand angreifende Kraft / Länge des Randes* (siehe I.4) folgt

$$\sigma = \frac{F - F_{Aluring}}{L} \tag{17}$$

Die Länge L ist hierbei gegeben durch den doppelten Umfang des Aluminiumrings, also $L=4\pi r$, da sowohl an der Innen- als auch an der Außenfläche eine Flüssigkeitslamelle haftet.

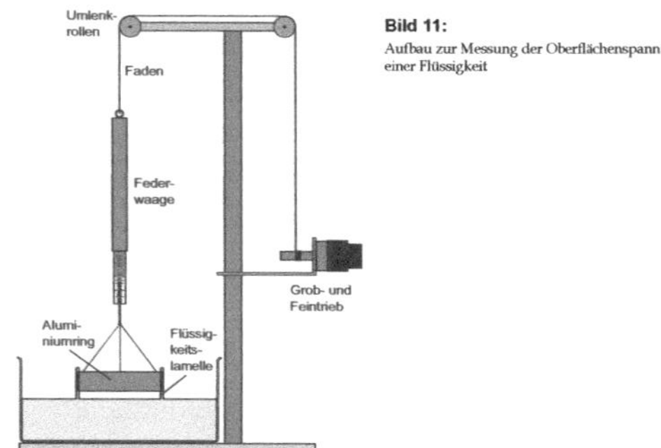

Bild 11:
Aufbau zur Messung der Oberflächenspannung einer Flüssigkeit

III. Versuchsdurchführung und Auswertung

1. Kapillarviskosimeter

Kurzbeschreibung

Bestimmung der Viskosität von Wasser mit Hilfe des Hagen-Poisseuilleschen Gesetzes, das die Abhängigkeit der **Stromstärke** vom **Druckunterschied** an den Rohrenden, der Rohrgeometrie (**Radius bzw. Durchmesser und Länge**) und der Viskosität der Flüssigkeit beschreibt.

Bevor Sie mit dem eigentlichen Versuch beginnen, müssen Sie die Apparatur reinigen.

Reinigung der Apparatur

- Der Versuch wird nur mit destilliertem Wasser (Reinwasser genannt) durchgeführt.
- Vor Versuchsbeginn muss die Versuchsapparatur zuerst mit Reinwasser gespült werden. Benutzen Sie dazu nach Einweisung durch Ihre/n Betreuer/in die Wasserstrahlpumpe am Wasserhahn. Achten Sie darauf, dass kein Leitungswasser in die Apparatur gelangt.

Versuchsdurchführung

Um die Viskosität mit Hilfe des Hagen-Poiseuilleschen Gesetzes zu bestimmen, benötigen Sie den Durchmesser sowie die Länge der Kapillare. Diese sind wie folgt gegeben.

- **Kapillardurchmesser: $2r = (0{,}80 \pm 0{,}05)$ mm**
- **Länge der Kapillare: $L = (24 \pm 0{,}5)$ cm**

Nun müssen Sie den **Volumenstrom $\Delta V/\Delta t$ des durch die Kapillare fließenden Wassers in Abhängigkeit des Druckunterschiedes** Δp zwischen den Kapillarendenden bestimmen. Günstigerweise halten Sie die eine Größe - den Druckunterschied - konstant und bestimmen die andere - den Volumenstrom - durch Messung.
Im Versuch wird das so funktionieren, dass Sie fünf Minuten lang einen konstanten Höhenunterschied zwischen den Wasserspiegeln von Vorratsrohr und Auslaufgefäß aufrecht erhalten - durch stetiges Nachfüllen des durchgeflossenen Wassers mit der Spritzflasche. Den Druckunterschied erhalten Sie durch einfache Umrechnung nach Formel 7: $\Delta p = \rho g \Delta h$.
Um die Volumenstromstärke zu bestimmen, müssen Sie das Wasservolumen, das in den fünf Minuten durch das Rohr geflossen ist, durch diese Zeit teilen. Die Masse des Wassers erhalten Sie, indem Sie die Spritzflasche vor und nach dem Versuch wiegen und die Messwerte voneinander abziehen. Aus der Masse lässt sich über die Dichte das Volumen bestimmen.

Es ist wichtig, dass der Höhenunterschied zwischen den Wasserspiegeln möglichst exakt aufrecht erhalten wird. Welche Konsequenzen hätte es, wenn der Pegel im Vorratsgefäß (während der Messung) merklich sinken würde?

....

....

Gehen Sie also wie folgt vor:

- Füllen Sie am Arbeitsplatz das Ausflussgefäß und das Vorratsrohr mit Hilfe der Spritzflasche bis oben mit Reinwasser (Bild 8). Letzteres füllen Sie mit der Spritzflasche immer wieder auf, bis die Strömung durch die Kapillare sichtlich stetig und blasenfrei in Gang gekommen ist.
- Füllen Sie die Spritzflasche wieder mit Reinwasser auffüllen und wägen Sie sie. Die Masse beträgt:

$m_{Messung\ 1,\ vorher}$ = ...

- Lassen Sie dann den Flüssigkeitsspiegel bis zu einem gut sichtbaren Zahlenwert oberhalb 40 cm auf der Skala absinken. Der Wert entspricht der Größe $h_{Messung\ 1}$ in Bild 8. Schätzen Sie auch den Fehler ab.

$h_{Messung\ 1}$ = ... ± ....

- Halten Sie den Pegel 5 Minuten lang (Stoppuhr!) durch Hinzufügen von destilliertem Wasser auf diesem Niveau.
- Wiegen Sie anschließend wieder die Flasche (wir gehen davon aus, dass der Fehler bezüglich der Wassermasse zu vernachlässigen ist).

$m_{Messung\ 1,\ nachher}$ = ...

Die durchgeströmte Wassermasse beträgt also:

$\Delta m_{Messung\ 1}$ = ...

Berechnen Sie nun aus der durchgeströmten Wassermasse das entsprechende Volumen. Sie benötigen dazu die Dichte von Wasser. Diese beträgt 1 g/cm^3 (1 ml Wasser wiegt 1 g, 1 Liter Wasser wiegt 1 kg):

$\Delta V_{Messung\ 1}$ = ...

Die Druckdifferenz erhalten Sie aus der Höhendifferenz $\Delta h_{Messung\ 1} = h_{Messung\ 1} - h_0$. Um letztere zu bestimmen, brauchen Sie noch die Höhe h_0 des Ausflussgefäßes.

- Sie ermitteln h_0, indem Sie die Justiernadel auf das Niveau des Flüssigkeitsspiegels im Auslaufgefäß einstellen und seine Höhe auf de Skala hinter dem Vorratsrohr bestimmen. Achten Sie darauf, Δh möglichst auf 1 mm genau zu bestimmen.

h_0 = ... ± ....

==> $\Delta h_{Messung\ 1}$ = ... ± ....

Da die Viskosität eine stark temperaturabhängige Größe ist, befindet sich die Kapillare in einem Wasserbad. Lesen Sie die Temperatur ab, die das daran angebrachte Thermometer anzeigt:

$\theta_{Wasserbad}$ = ...

Sie sollen nun noch eine zweite Messung zur Bestimmung der Viskosität η_{Wasser} durchführen, wobei Sie einen kleinere Höhe $h_{Messung\ 2}$ des Vorratsgefäßes wählen, und zwar ca. 30 cm.

zunächst eine Abschätzung:
Vor der eigentlichen Messung sollen Sie eine Abschätung dahingehend durchführen, welche Wassermasse in ebenfalls fünf Minuten ungefähr durch die Kapillare strömen wird.
Solche Abschätzungen sind häufig sinnvoll vor Messungen (weil man dann natürlich schnell sehen kann, ob das Ergebnis vernünftig ist). Sie brauchen hier keine lange Rechnung durchzuführen (‚indem Sie etwa die ganze Hagen-Poiseuille-Formel heranziehen), sondern es ist lediglich wichtig, wie **Höhenunterschied** und **„Massenstrom"** (also nicht der Volumenstrom, sondern die durchströmende Masse pro Zeit) zusammenhängen.
Das Hagen-Poiseuillesche Gesetz macht keine direkten Aussagen über diese beiden Größen. Dennoch kommt man leicht drauf. Im Gesetz von Hagen-Poiseulle stehen der Druckunterschied und die Volumenstromstärke. Welcher Zusammenhang besteht zwischen diesen Größen (richtiges unterstreichen bzw. ergänzen):

ein linearer, ein quadratischer, ein kubischer, sonstiger ....

Welcher Zusammenhang besteht zwischen Druckunterschied und Höhenunterschied?

....

Welcher Zusammenhang besteht zwischen Volumenstromstärke und Massenstrom?

....

Damit sollten Sie nun auch wissen, wie Massenstrom und Höhenunterschied zusammenhängen, nämlich

....

Wie viel, bezogen auf den Höhenunterschied $\Delta h_{Messung\ 1}$ der ersten Messung beträgt ungefähr der Höhenunterschied der gleich auszuführenden zweiten Messung $\Delta h_{Messung\ 2}$ (Sie brauchen hier einen relativen Wert bzw. eine Prozentangabe - keinen Absolutwert)?
Nun können Sie berechnen, wie groß $\Delta m_{Messung\ 2}$ ungefähr sein wird, nämlich

$\Delta m_{Messung\ 2,\ erwartet}$ = ...

Führen Sie nun die Messung durch. Wiegen Sie also wieder die Flasche etc.

$m_{Messung\ 2,\ vorher}$ = ...

$h_{Messung\ 2}$ = ... ± ....

$\Delta h_{Messung\ 2}$ = ... ± ....

$m_{Messung\ 2,\ nachher}$ = ...

$\Delta m_{Messung\ 2}$ = ...

Deckt sich der gemessene Wert für $\Delta m_{Messung\ 2}$ mit Ihrer Erwartung?

Auswertung

- Bestimmen Sie für beide Messungen die Viskosität η_{Wasser} mit Hilfe von Gl. (4), Δp berechnen Sie gemäß Gl. (7).
- Führen Sie nur für die erste Messung eine Fehlerrechnung durch. Beziehen Sie hier die angegebenen Fehler für r und L ein, sowie die von Ihnen abgeschätzten Ungenauigkeit von Δh (bzw. deren Auswirkungen auf Δp und $\Delta\eta$)[1].
- Vergleichen Sie Ihr Ergebnisse der ersten Messung für η_{Wasser} mit dem entsprechenden Wert aus der folgenden Tabelle (Vergleich heißt hier immer, dass Sie angeben, ob der entsprechende Tabellenwert innerhalb der Fehlergrenzen Ihres Ergebnisses liegt).

Temperatur θ/°C	16	17	18	19	20
η_{Wasser} /mPas	1,109	1,081	1,053	1,027	1,022

Temperatur θ/°C	21	22	23	24	25
η_{Wasser} /mPas	0,978	0,955	0,933	0,911	0,890

2. Kugelfallviskosimeter

Kurzbeschreibung

Die Reibungskraft auf eine laminar umströmte Kugel ist durch das Stokessche Gesetz gegeben. In einem Kugelfallviskosimeter sinken Kugeln im Gleichgewicht zwischen Schwerkraft und Reibungskraft mit konstanter Geschwindigkeit. Durch Messung der Sinkgeschwindigkeit wird die Viskosität der Flüssigkeit bestimmt.

Vorbereitung

1. Mit den deltas muss man hier vorsichtig sein. Bei Δh bezieht sich das delta auf eine Differenz bzw. einen Unterschied, bei Δp und $\Delta\eta$ sind damit Abweichungen/Fehler gemeint.

- Stellen Sie das Kugelfallviskosimeter zunächst möglichst genau senkrecht (Wasserwaage).
- Reinigen Sie einige kleine Kugeln mit Ethanol und trocknen Sie sie mit einem Papiertuch ab.
- Bestimmen sie ihre Durchmesser mit der Schublehre und daraus die Radien mit Fehler. Die Messungen sind nicht ganz einfach, da die Kugeln sehr klein sind und leicht wegrollen. Am besten „kleben" sie jeweils eine Kugel mit etwas Rizinusöl an der Schublehre „fest".

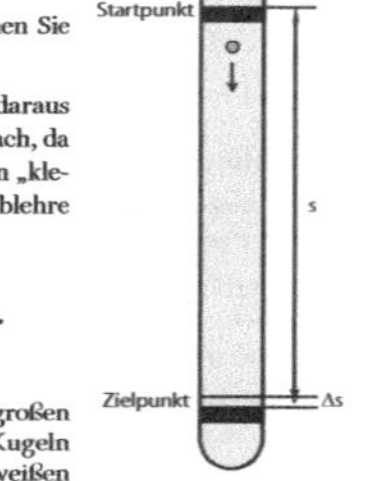
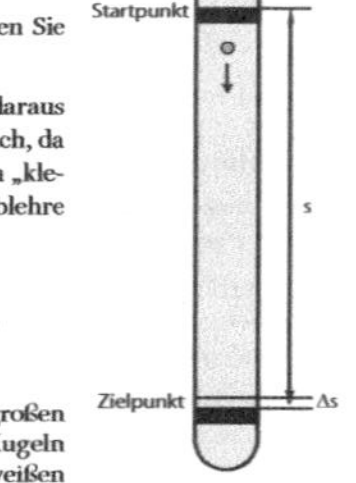

d_{Kugel} = ... ± ....

Versuchsdurchführung

Im Versuch wird ausschließlich mit dem Rohr mit dem großen Durchmesser gearbeitet. Benutzen Sie zum Einbringen der Kugeln in das Viskosimeter die trichterförmigen Öffnungen in den weißen Zentrierdeckeln. Diese gewährleisten, dass die Kugeln längs der Achse und nicht am Rand fallen.
Benutzen Sie die Rollhocker, nicht die Drehstühle als Leitern!

- Lassen Sie dann eine Kugel nach unten sinken und entscheiden Sie, an welcher Stelle die Geschwindigkeit der Kugel konstant ist (dies geschieht relativ schnell). An diese Stelle verschieben Sie den beweglichen schwarzen Ring am Rohr, der den Anfang der Fallstrecke markiert (Startpunkt). Die Marke auf der Skala gibt den Abstand s zwischen den oberen Kanten beider schwarzer Ringe in cm an. Bei Ihren Messungen beträgt die Fallstrecke s:

s = ... ± ....

- Messen Sie mindestens für zwei Kugeln die Fallzeit, und berechnen Sie damit deren Fallgeschwindigkeiten inklusive Schwankung. Messungen für t:

t_1 = ... ± ....

t_2 = ... ± ....

t_3 = ... ± ....

- Bestimmen Sie die Dichte des Öls mit dem Aräometer (dafür existiert im Labor ein einzelner Aufbau - siehe Bild 10). Nehmen Sie sich etwas Zeit, um die Skala wirklich richtig abzulesen bzw. alle Nachkommastellen mitzunehmen. Beachten Sie, dass die Dichte von Wasser ca. 1 g/ml beträgt und dass Öl leichter als Wasser ist. Wenn Sie also z.B. 58 g/ml abgelesen haben wollen, haben Sie etwas falsch gemacht.

$\rho_{Öl}$ = ... ± ....

- Lesen Sie die Temperatur des Thermometers ab, das neben dem Aräometer im Ölbad steckt. Diesen Wert können Sie als der Temperatur des Öls im Kugelfallviskosimeter gleich annehmen.

$\theta_{Wasserbad}$ = ...

Auswertung

- Bestimmen Sie aus dem gemittelten Kugelradius und der gemittelten Geschwindigkeit die Viskosität η des Öls $\eta_{Öl}$ mit Hilfe von Gl. (13)
- Für die Ermittlung des Fehlers benutzen Sie die Werte für den Kugelradius und die Geschwindigkeit, die das Ergebnis für $\eta_{Öl}$ extremal machen dürften.
- Vergleichen Sie Ihr Ergebnis mit den Literaturangaben in der folgenden Tabelle (also auch hier wieder: geben Sie an, ob der „wahre" Wert innerhalb Ihrer Fehlergrenzen liegt). Da die Werte für die Viskosität hier nur für Temperaturen n 10°-Schritten angegeben sind, müssen Sie $\eta_{Öl}$ für „Ihre Zimmertemperatur" zunächst durch Interpolation bestimmen.

Temperatur θ/°C	10	20	30
$\eta_{Öl}$ /Pas	2,420	0,986	0,451

- Freiwillig: Wenn Sie wollen, können Sie die Reynoldszahl für das Sinken der Kugeln ausrechnen und zeigen, dass es sich hier wirklich um laminare Strömungen handelt.

3. Messung der Oberflächenspannung

Kurzbeschreibung

Zur Bestimmung der Oberflächenspannung einer Flüssigkeit wird ein Ring in dieselbe eingetaucht, mit ihm eine Flüssigkeitslamelle hochgezogen und die Kraft zum Abreißen mit einer Federwaage gemessen.

Vorbereitung

- Kontrollieren Sie, ob der Nullpunkt der unbelasteten Federwaage auf Null eingestellt ist. Wenn das nicht der Fall ist (bzw. in jedem Fall), notieren Sie die Einstellung des Nullpunkts

....

- Die Gewichtskraft $F_{Alu ring}$ des trockenen Aluminiumringes (inklusive Fäden und dem klei-

***ibidem*-Verlag**

Melchiorstr. 15

D-70439 Stuttgart

info@ibidem-verlag.de

www.ibidem-verlag.de
www.ibidem.eu
www.edition-noema.de
www.autorenbetreuung.de